餐桌上的

中式香料百科

卢俊钦
潘玮翔 著

从饮食轶事到色香味用，
增加料理深度的香料风味事典

中国轻工业出版社

图书在版编目（CIP）数据

餐桌上的中式香料百科 / 卢俊钦，潘玮翔著. — 北京：中国轻工业出版社，2025.2

ISBN 978-7-5184-3328-5

Ⅰ.①餐… Ⅱ.①卢… ②潘… Ⅲ.①调味品—香料 Ⅳ.①TS264.3

中国版本图书馆CIP数据核字（2020）第259105号

责任编辑：方　晓　　责任终审：劳国强　　整体设计：锋尚设计
策划编辑：史祖福　　责任校对：宋绿叶　　责任监印：张　可

出版发行：中国轻工业出版社（北京鲁谷东街5号，邮编：100040）
印　　刷：艺堂印刷（天津）有限公司
经　　销：各地新华书店
版　　次：2025年2月第1版第5次印刷
开　　本：720×1000　1/16　印张：24.25
字　　数：388千字
书　　号：ISBN 978-7-5184-3328-5　定价：98.00元
邮购电话：010-85119873
发行电话：010-85119832　010-85119912
网　　址：http://www.chlip.com.cn
Email：club@chlip.com.cn

250200S1C105ZYW

作者序

厨房
是老药铺柜台后那只药柜的延伸

厨房，是我另一个熟悉的地方，从小就跟着老妈妈在这地方打转，也爱将前堂药铺药柜里的香料往这里搬，厨房里的瓶瓶罐罐于我而言不陌生，虽然厨房跟前堂药铺大不相同，但仔细一看，里头架上的那些辛香料、调味料，也多半与前堂静静躺在药柜里面的那些药材有所关联。躺在药柜里叫作“药材”，将它搬到厨房里，就摇身一变成为辛香料了；放在茶杯里，冲进热开水，这又变成养身茶饮；放进锅中，立刻又成就一道道美味的佳肴！

既然在药柜就叫作药材，在厨房就叫作辛香料，而厨房又是平日我常流连的地方，从小就在药柜后长大，对于药柜内的香料我是熟悉的，若是将前堂的药柜搬进厨房里，我想这将是一件非常有趣的事！

老药铺里药柜后面，有的是历史的人情故事，而厨房却是药铺中那些时代故事的延伸，而这些一路传承下来，总也想是否可以来点不一样的？这些常见与不常见的中式香料，种类其实非常繁多，不单单只是大家所认识的八角、肉桂，更不仅是甘草、花椒、胡椒所能涵盖的！

以现代的眼光来看这些中式香料，它们早已不是单纯的中式香料，这当中有一部分

注：本书所罗列的香料中，有一些既是食材又是药材。故这些常见的食药两用的香料在料理中出现时，编辑列出了其功用及宜忌，以便读者在使用时作为参考。

与传统药材重叠，也有一部分与西式香料重叠，更有一部分与南洋香料有着密不可分的关系。

然而中式香料搭配中式菜肴，西式香料创造出西式餐点，南洋料理也自成一格，这似乎是一件再合理不过的事。

若能换一个角度来看，这一大族群的中式香料，同样从中式菜肴出发，但另一方面也从西式餐饮的角度来思考，用西式的餐饮手法，来诠释中式香料，让香料的演绎不再拘泥于一隅，进而碰撞出新的火花，我想这也是在书写这些香料时，所带给我的另一种启发。

感谢这次的搭档，梦想家料理的主厨潘玮翔老师的鼎力相助，从他的西式料理角度，更启发我对香料的另一层面的认识。

感谢《药铺年代》一书主编忠恬关于出版本书的提议，更感谢麦浩斯总编辑贝羚一路亲力亲为，让这本书以最完美的状态呈现。

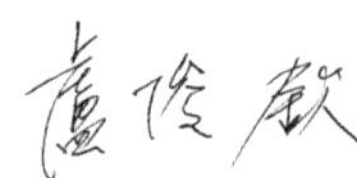

作者序

终于有机会跟三哥[①]一起合作了！

多年前在厨房里，每当有中式香料的疑问时，总会立马上网搜索“福伯本草”，这是三哥亲自逐字撰写的博客，里面有着丰富的中式香料信息，也总能为我“立即解惑”！

我在2013年《餐桌上的蔬菜百科》出版之后，一直都在寻找新的题材和内容与大众分享，市面上有许多的烹饪食谱书出版，丰富的美食烹饪技法在近年来更与大家形影不离，创造新的饮食话题，也是我多年用心的方向。

凭借着对于烹饪的热情，各式各样的风味变化一直让我充满好奇的想象，有三哥这样的前辈在身边，无论是麻辣酱还是蒙古锅……凡是味型与中式香料相关的疑惑，他总能一一破解，也因着冯忠恬编辑的提议，促成了这本中式香料百科的诞生。

从小家里是舶来品商行，五花八门的中药材总在家里冰箱堆得满满当当，枸杞、黄芪、当归、人参总在我每天进出的大门口出现，还记得初中时候，拿竹荪与川穹煮了羹汤，拿了何首乌烤乳鸽，在父母眼里看似胡搞的烹饪，却赢得多数人的赞同，我想，我与中式香料的渊源，应该要感谢我父母当年辛苦经营的商行！

随着烹饪风味演化，国外也开始大量使用八角、桂皮等中式香料，但对于其他中

---

① 即本书另一作者卢俊钦。

式香料的运用，绝大部分人的印象都停留在炖汤、食补，市面上解说中式香料的书籍也不常见，因此制作这本《餐桌上的中式香料百科》，简直充分燃起我的烹饪热情。书中我们罗列了十大香料家族，表述了七种香料性味分类，抽丝剥茧从架构去了解香料是增强记忆的好做法，其中更有趣的就是原本你以为的东西，其实跟认知里截然不同，还有一些不常见的特殊品。

书中的文字仔细诉说了每个香料的故事、挑选与保存方法，透过每种香料的独特味道，创造出或传统或创新的食谱，传统的食谱有着绝佳的香料比例，创新的食谱带给大家全新的体验，百变香料层层堆叠，丰富了香料知识，让香气弥漫于饮食生活当中。

特别感谢城邦许贝羚总编与王正毅摄影的图文编撰，更感谢一直陪伴料理梦想家的好朋友们，诚挚为大家献上《餐桌上的中式香料百科》!

目录

香料家族

香料性味

香料家族

1-1 胡椒家族

胡椒到底有几种

这个原产于东南亚、南亚等热带地区，早在汉朝时就已经传入中国，曾经掀起西方大航海时代，也曾价格可比金贵，在大明朝曾当作朝廷官员薪水发放的香料，更让全球厨师也疯狂，它就是香料首选——胡椒。

胡椒虽不是用量最多的香料，却是用途最广的香料之一。但“胡椒”一类究竟有几种？一般常见的胡椒，市面上大概可找到4种，也就是白胡椒、黑胡椒、绿胡椒和红胡椒。至于胡椒其他的种类还有多少，则众说纷纭，理也理不清，就让我们试着从老药铺的角度，来说说胡椒到底有几种！

胡椒一类，大致可分“胡椒科”与“非胡椒科”两大类。胡椒应该是大家最熟悉的香料了，而这个极为常见的香料，也随着运用层面的扩大，传统产区早已无法满足市场需求，近年来新兴产地所产的胡椒，也在市面上占有一席之地，不管是越南、缅甸、柬埔寨，还是远在南美洲的巴西，以及中国海南，都是常见的新兴产地。

然而是传统产地的胡椒品质较好，还是新兴产地的胡椒更香？我想这又是一个大学问了。而日常所闻到的胡椒香气，是胡椒原本的香气吗？虽说胡椒大家都很熟悉，不过我还是从老药铺的角度，来聊聊胡椒。

先不要急着往下看，想一想，你认为胡椒到底有几种？2种、4种、5种、6种，还是更多？

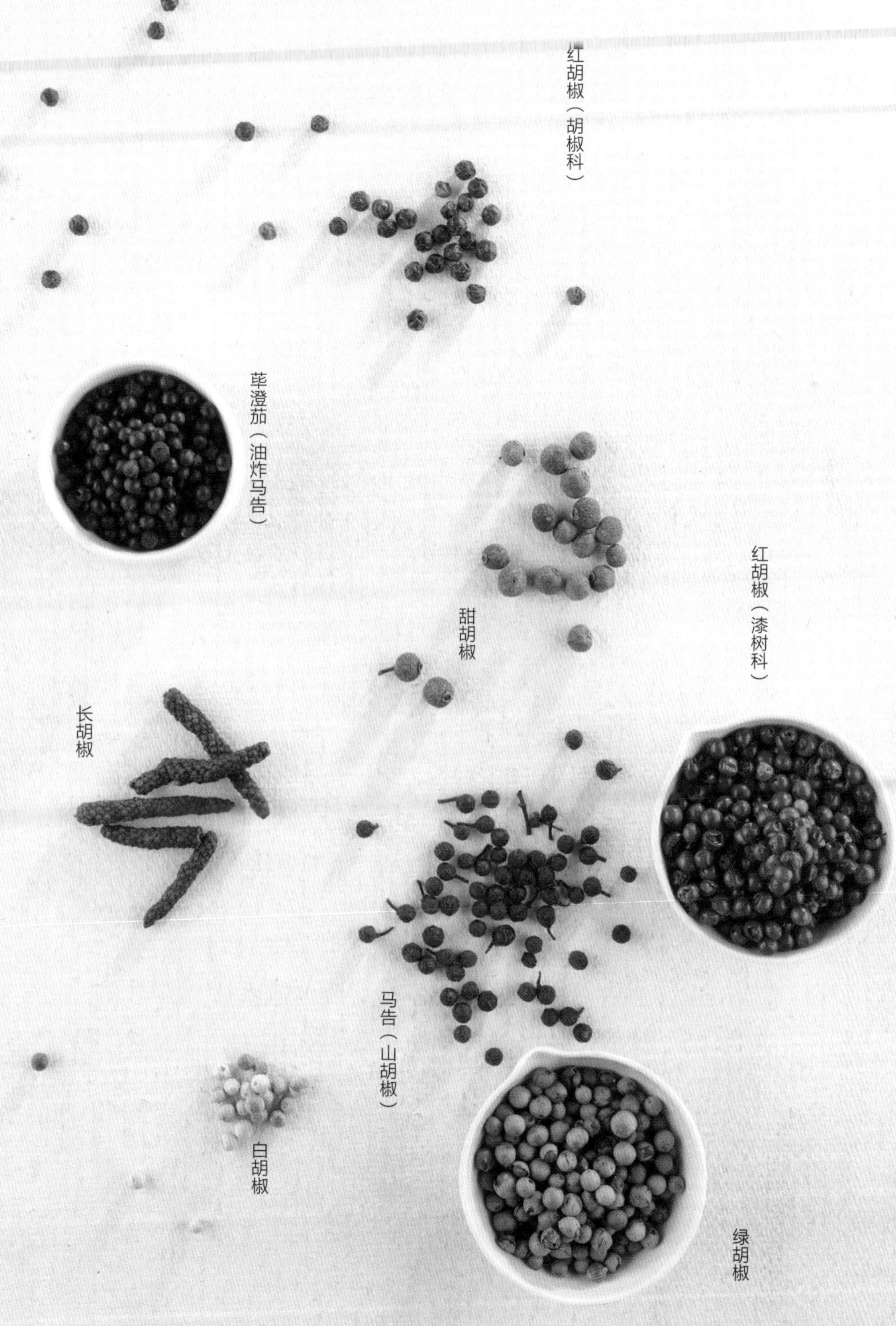
红胡椒（胡椒科）
荜澄茄（油炸马告）
甜胡椒
红胡椒（漆树科）
长胡椒
马告（山胡椒）
白胡椒
绿胡椒

酸
苦
甘
涩
辛
咸
凉
麻

胡椒科

白胡椒

台湾小吃的百搭香料

［别名］ 浮椒、古月、玉椒

［主要产地］ 印度尼西亚、马来西亚、中国、缅甸、越南。

［挑选］ 新鲜香气十足、无混杂，味道清香，以没有布袋味者为佳。

［保存］ 放置阴凉干燥处即可，胡椒粉则以密封瓶存放；胡椒粒研磨成胡椒粉后，应尽快使用，避免香气挥发，若能达到现用现磨则最佳。

［风味］ 原粒直接入菜，提香不增辣。与肉类、海鲜搭配可去腥增香，烹调凉性食材或煲汤时加入适量，既可调味也能去湿散寒。

白胡椒、黑胡椒、绿胡椒、红胡椒·一类四种都是胡椒科，同一株胡椒树藤所长出来的，只是成熟度不同而已。胡椒子从浅绿色慢慢变成深绿色再到橘色，最后是成熟的红色，但常见的“红胡椒”其实并不是由最后成熟的红色胡椒而来，这是常有的错误认知；红色的成熟胡椒通常外皮是会腐烂的，并无法定色成为干燥后的红胡椒，所以，西式料理中常用的红胡椒，其实是另一种非胡椒科的红胡椒！

而真正胡椒科的红胡椒，因干燥难度较高，市面上难得一见，所以大都以方便取得的漆树科的红胡椒来替代，这里提到的两种红胡椒，在下面会做完整的叙述。

反而我们日常所用的白胡椒，即是取成熟的红色胡椒，经水或药水浸泡去除外皮，将里面的成熟种子晒干后，就是白胡椒了。

白胡椒在药铺里，使用频率远远高于黑胡椒和长胡椒。虽然胡椒在汉朝就已传入中原，也很早就记载于医书，但药铺这一脉传承下来，使用上似乎并无多大的突破。然而老人家都说，药铺里的白胡椒比一般超市所售卖的要来得香，但也贵上许多！并非是药铺的白胡椒有魔法加持，其实说穿了，就在于胡椒纯度上。药铺有别于超市体系，供货上也自成一体，大多数药铺里的胡椒粉，都是上游药商，或是自家送厂研磨的，因为纯度高，成本自然就降不下来，香气当然也比较浓郁！

平时除了胡椒粉外，在一般复方香料中，白胡椒也被大量地使用着，就连一般常见的汤品，胡椒都扮演着画龙点睛的角色。先不说有名的胡椒猪肚鸡，如果平日喝的四神汤，在炖煮时放入几颗拍过的胡椒粒一同炖煮，只提香不增辣，便能呈现出另一个层面的美味。只是胡椒属于热性香料，若是体质容易燥热的朋友，适量食用就好。

胡椒猪肚鸡

材料

- 猪肚　1个
- 仿土鸡　半只
- 姜　5片
- 葱　1棵

香料

- 红枣　6粒
- 党参[①]　6克
- 黄芪[②]　6克
- 白胡椒粒 5克（拍破）

调味料

- 盐　适量
- 米酒　少许
- 白胡椒粉　适量

做法

1 用刀刮去猪肚表面杂质，将猪肚翻过来，剪去里面多余的脂肪及黏附的脏物。

2 用盐将猪肚内外反复搓洗干净。

3 再用面粉继续反复搓洗，直到无黏滑感及异味。

4 将清洗过的猪肚放入一锅水中，加米酒、姜片汆烫，取出切条块备用。

5 鸡肉切块，汆烫备用。

6 另起一锅倒入2000～2500毫升水，先放猪肚，加入四种香料，煮开后调至小火先煮1小时。

7 再放入鸡块继续煮半小时，熄火前加入适量盐。

8 最后再加少许米酒提香，依个人口味撒入白胡椒粉。

---

① 党参：健脾补肺，益气生津。实证、热证禁服；正虚邪实证，不宜单独应用。

② 黄芪：益气生升，固表止汗，利水消肿，托毒生肌。表实邪盛，实积停滞，肝郁气滞，痈疽初起或溃后热毒尚盛等实证，以及阴虚阳亢者均慎服。

◆ 白胡椒奶酱

西式油糊

无盐黄油　50克
低筋面粉　50克

材料

高汤　250 毫升
白胡椒粒　10克
西式油糊　50克
鲜奶油　50 毫升
海盐　适量

做法

1 制作油糊：将无盐黄油与低筋面粉用小火充分炒开，直至消除面粉味、出现香气后取出，备用。
2 锅内倒入高汤与白胡椒粒一起泡制30分钟。
3 接着开小火煮15分钟直至胡椒粒软化。
4 加入50克西式油糊拌匀，将汤汁稠化。
5 最后加鲜奶油与适量的海盐调味，熬煮至浓稠即可。

《 美味小秘诀 》

- 白胡椒泡在高汤里越久，风味会更加提升。
- 白胡椒为众人所喜爱的香气，既不过度辛辣，且香气十足，无论是搭配海鲜还是肉类都很适合，甚至搭配蔬菜也不会违和，可谓百搭酱汁。

酸 苦 甘 涩 辛 咸 凉 麻

胡椒科

黑胡椒

现磨的最香

[别名] 黑川

[主要产地] 印度尼西亚、马来西亚、中国、缅甸、越南等。

[挑选] 清香味浓郁，干燥程度越干燥越好，且无受潮所带出的霉味或布袋味。

[保存] 放置阴凉干燥处；胡椒粉则以密封瓶存放。胡椒粒研磨成胡椒粉后，应尽快使用，避免香气挥发，若能现用现磨则最佳。

[风味] 质地较粗、辣味较高，含精油量也高，高温及现磨能让味道彻底挥发，香气更浓郁。

在胡椒的种类中，大家都公认黑胡椒最香！因为它所含的精油最多，所以最香，这是不争的事实；但也同时意味着，黑胡椒的品质差异最大。或许有朋友会认为，只要是现研磨的，就没有品质差异的问题，或许只要找到对的产区，黑胡椒就能呈现最完美的风味，但其实不然，如果只考虑上述因素就能了解黑胡椒的品质差异，就没有认识到黑胡椒所存在品质差异的关键所在。

产地只是其中一个因素，现磨也只是确保精油香气不提前挥发而已，更重要的是从产地采收干燥后，经过保存及运输，最后到达消费者手中，这段历程才是黑胡椒是否呈现完美风味最重要的因素！

胡椒从挂果到整串果实都呈现墨绿色时，这时候采收晒干后，就是我们日常所使用的黑胡椒了。原本的香气应该是清香味辣，不存在其他杂味，但多数市售黑胡椒极少呈现如此完美的风味，或多或少都夹杂其他味道，更严重一些的还混着布袋味，与自己从产地购买，或是自己新从家乡带回来的，有着一定的差异。

现实中，白胡椒、黑胡椒经采收晒干装袋后，即可出售，但在产地都是以麻布袋来装袋，当地农民因要增加收入，可能不会将胡椒曝晒得非常干燥，如此才能增加一些重量，以至于胡椒经麻布袋包装后保存，在这期间还会不断地蒸发水气，同样地，如遇到潮湿的环境或雨季时，麻布袋会吸收水气，间接使胡椒也吸收了水气。

白胡椒因为是成熟胡椒内的种子，蒸发及吸收水气的情形并不明显，但黑胡椒因是未成熟的果实所晒干，当初在曝晒的过程中，蒸发的水气比较多，以至于曝晒后成为外观有皱纹的黑胡椒，一旦遇到潮湿的环境或雨季时，黑胡椒也会快速地吸收水分，便会因麻布袋受潮而吸收麻布袋的味道。这就是为什么市面上的黑胡椒（虽不是每家都有）常带着一股布袋味，其实就是受潮现象。

“现磨现用的最香”是黑胡椒使用上的不二法门，但懂得如何分辨黑胡椒香气，又是另一门需要学习的功课。

◆ 黑胡椒咸猪肉

材料

五花肉　1.5千克
蒜头　100克
米酒　100 毫升

香料

黑胡椒粗粉　30克
五香粉　10克
肉桂粉　10克
白胡椒细粉　5克
花椒粉　3克
盐　30克

做法

1 将五花肉切成约2厘米的厚片，蒜头切末备用。
2 起一干锅，将所有香料用小火炒香，均匀混合。
3 取一小碗，将蒜末、米酒以及炒香的混合香料拌匀（要让盐完全溶化）。
4 将步骤3的香料酒，均匀地涂抹在每一片猪五花肉上，务必让酒的水分完全被肉吸收，这样才能让猪肉吃进味道。
5 用保鲜盒或袋子将肉装好，放进冰箱，冷藏腌渍2～3天，即可分装后冷冻保存。

胡椒盐

香料

盐　30克
白胡椒　30克
黑胡椒　10克
香蒜粉　10克
花椒粉　5克
味精（或细糖粉、鸡粉）　15克
五香粉　3克
肉桂粉　3克

做法

将所有香料一起研磨、混合均匀即可。

《美味小秘诀》

- 加入味精或鸡粉、细糖粉，补充氨基酸（鲜甜味来源），可让整体风味柔和，美味更有层次。
- 使用岩盐或玫瑰盐，可让胡椒盐不过咸。
- 黑白胡椒粉在选择时，若可以现研磨，胡椒风味更加分明。

黑胡椒牛排酱

材料

黑胡椒粒　10克
鸡高汤　250毫升
黄油　5克

调味料

蚝油　10克
梅林辣酱油　5克
砂糖　5克
红酒　30毫升

做法

1. 黑胡椒粒压碎，入锅干炒。
2. 待黑胡椒炒香后，加入鸡高汤用小火熬煮20分钟。
3. 加入调味料继续煮浓缩，待汤汁浓稠后，关火，加入黄油充分搅拌。

胡椒凤螺

材料

凤螺　500克
蒜末　20克
米酒　1杯
盐　20克

香料

白胡椒粉　10克
黑胡椒粉　20克
肉桂粉　3克
五香粉　2克

做法

1 将凤螺洗净备用。
2 起一油锅，先将蒜末爆香。
3 下凤螺、米酒及盐炒熟，让凤螺吸收酒香。
4 下胡椒等香料，继续收干汤汁（如果单用炒锅及燃气灶上的火力，无法完全收干汤汁，建议可利用吹风机）。
5 收干汤汁，并让凤螺紧缩、有嚼劲。

也可用烤箱制作

若使用烤箱，则先用少许米酒将凤螺泡湿，均匀裹上盐及胡椒香料，进烤箱用上下火 180℃，烤 10 ～ 15 分钟即可。因凤螺大小不同，烤制时间可能有些许差异。

GREEN PEPPER

酸

苦

甘

涩

辛

咸

凉

麻

绿胡椒

永远都只是摆盘用的香料

［别名］ 青胡椒

［主要产地］ 印度尼西亚、马来西亚、中国、缅甸、越南等。

［挑选］ 清香味中带有淡淡胡椒味及果香味，干燥程度越干燥越佳。

［保存］ 胡椒粒一般选购及储存以没有布袋味为佳，也就是没有受潮的胡椒，储存放置阴凉干燥处即可；胡椒粉则以密封瓶存放。胡椒粒研磨成胡椒粉后，应尽快使用完毕，避免香气挥发，若能现用现磨则最佳。

几乎只有在彩色胡椒瓶中才会见到绿色胡椒，观赏配色的作用大于实际用途。绿胡椒是未成熟的胡椒，经采收后定色干燥，保持着胡椒原来的色泽，但由于过于细嫩，胡椒该富含的香精分子还来不及达到饱和状态，所以香气与辣度均不够，唯一可取的是尚保留着一丝丝的果香味。

胡椒经挂果在成熟的过程中，会历经数个阶段，依成熟度的不同，胡椒子从浅绿色慢慢到深绿色再到橘色，最后到成熟的红色。我们都知道，绿胡椒是在胡椒浅绿时即采收，黑胡椒是在墨绿色阶段采收，而白胡椒则是在胡椒子变成红色时采收，剥开后里面的胡椒子。不过胡椒在采收时常常是一串胡椒果上，同时有着绿橘红的果实，椒农采收后不见得会依成熟度不同来分类一颗颗胡椒子，绿、黑、白胡椒！

其实胡椒分类只是依大致的状态分类，胡椒串只要是2／3由橘转红，即便剩下的1／3尚是墨绿色，采收后经脱皮去果肉的步骤后，就都归类成白胡椒了。

白胡椒中式烹饪用得多，黑胡椒反倒是西式料理中用的比中餐多，但绿胡椒的使用，中西烹调差不多，装饰效果比实际风味作用大得多。

熏硫黄

早期由于冷冻定色技术尚未成熟，所以最早使用的保存技术，与一般中药材的处理大致相同，多半使用熏硫黄的方法来延长保存期限或是达到定色的效果。但由于这类保存或定色技术，存在着硫黄残留的问题，现今随着冷冻技术的发展，熏硫黄的传统做法，也就慢慢地被淘汰了。

绿胡椒奶酱菜花

材料

A
汤　250 毫升
绿胡椒粒　10克
西式油糊　50克
鸡骨肉汁　50 毫升
海盐　适量

B
菜花　300克
橄榄油　适量

做法

1 锅内放入高汤与绿胡椒粒一起泡制30分钟，再用小火煮15分钟，直至胡椒粒软化。
2 加入西式油糊将汤汁稠化，最后加入鸡骨肉汁与适量的海盐熬煮至浓稠，即为绿胡椒奶酱。
3 菜花洗净并去除粗皮，淋上少许橄榄油，放入烤箱用160℃烤30分钟，直至菜花熟透并焦黄。
4 将绿胡椒奶酱淋在菜花上即可。

鸡骨肉汁（Gravy）的做法

500克的鸡骨架，放入180℃烤箱中烤40分钟，在烤制30分钟后，放入250克的调味蔬菜（洋葱、胡萝卜、西芹、蒜头）一起烤上色，再将烤好的鸡骨与蔬菜，加入高汤熬制1小时后过滤（熬制高汤时，可以加入月桂叶、迷迭香、胡椒等香料提升风味）。

酸
苦
甘
涩
辛
咸
凉
麻

胡椒科

红胡椒

可遇不可求的香料

[主要产地] 印度尼西亚、马来西亚、中国、缅甸、越南等。

[挑选] 清香味浓郁，干燥程度越干燥越好，且无受潮所带出的霉味。

[保存] 放置阴凉干燥处；胡椒粉则以密封瓶存放，应尽快使用完毕，避免香气挥发，若能现用现磨则最佳。若是盐渍红胡椒，则可以密封常温阴凉保存。

[风味] 带有成熟胡椒的果香及香辣气息。

一般认知中，红胡椒应该就是西餐用于摆盘的那一种，但其实红胡椒一类两种，也是个美丽的误解，大家平常所接触到的红胡椒，并不是真正胡椒串成熟后采收下来干燥而成的红胡椒粒！

目前大家都将漆树科的红胡椒或粉红胡椒，当成是真正的红胡椒看待，但真正胡椒科的红胡椒，因为是成熟的胡椒粒，外层果肉容易腐烂，并不易干燥，所以不常见到，只有在东南亚的超市或许有机会见到盐渍或醋渍的红胡椒粒。

而干燥的红胡椒出现，更是可遇不可求，且干燥的红胡椒颜色不似漆树科的红胡椒色彩鲜艳，颜色呈暗红色，但相对的胡椒香气就明显可闻了。

漆树科的红胡椒，俗称粉红胡椒，色泽鲜艳，常会被误认成是真正的红胡椒，加上取得容易，即便没有胡椒应有的真正香气与辣度，依然被大量地使用在各式烹饪上。
反倒是真正的胡椒科红胡椒，因为产量稀少，再加上干燥后，色泽呈现暗红色，外观上并不讨喜，即使带有成熟胡椒的果香及香辣气息，然而取得不易，所以甚少被用于烹饪。

◆ 红胡椒油醋马铃薯

材料

红胡椒粒　5克
小红马铃薯　3颗
小黄马铃薯　3颗
黄油　50克
橄榄油　适量
柳橙汁　50 毫升
柳橙皮碎　少许
海盐　适量
香芹碎　适量

做法

1 将马铃薯放入电炖锅内蒸熟后取出，冷却后切半。
2 起锅加入黄油，用小火将马铃薯表面煎至酥脆。
3 煎马铃薯的同时，加入红胡椒粒（可略压碎），用小火煎制，使香气释出。
4 同锅再加入橄榄油与柳橙汁，晃动锅身，使酱汁乳化，最后撒上柳橙皮碎和适量盐调味。
5 起锅前撒上香芹碎即可。

酸

苦

甘

涩

辛

咸

凉

麻

漆树科

红胡椒

不是胡椒的胡椒

[别名] 巴西胡椒、胡椒木子

[主要产地] 印度尼西亚、马来西亚、中国、缅甸、越南，南美洲各国等。

[挑选] 清香味浓郁，干燥程度越干燥越好，且无受潮所带出的霉味，并保有鲜红色泽。

[保存] 储存放置阴凉干燥处即可，胡椒粉则用密封瓶存放。胡椒粒研磨成胡椒粉后，应尽快使用完毕，避免香气挥发，若能现用现磨则最佳。

[风味] 带有一点点的辣味与胡椒香气，更近似于一股淡淡的、漆树科专属类似油漆的味道。

一提到红胡椒，几乎就等同西式烹饪所使用的香料，从不被认为是中式香料。在中式餐饮的香料世界中，几乎容不下它的存在，当然在现在所谓中菜西吃的摆盘上出现，又是另当别论了。

20世纪80年代才出现的香料，曾经被多数朋友误认为是胡椒成熟后转红的果实，然而，原产地在巴西，漆树科的红胡椒，与本是胡椒科的胡椒有着一段很大的差异，只是因为似乎带有一点点的辣味与胡椒香气，而且市场上又找不到真正的红胡椒，所以就名正言顺地被当作红胡椒来使用了，多数朋友也一直都误以为它就是真正的胡椒成熟后的种子，从来不细究这彩色胡椒瓶中红色的小果子真的是胡椒吗？

不过说起这红胡椒本身的真正味道，每个人体验到的感觉又有认知上的差异性，虽说有点辣，又似乎有点胡椒的味道，不过我却认为那不是胡椒的香味，而是带着一股淡淡的漆树科专属油漆的味道。

所以就我的认知，虽说名为红胡椒，或许西式香料可将其当成胡椒看待，但在中式香料的世界中，却无法真正把它当成胡椒来使用。

酸

苦

甘

涩

辛

咸

凉

麻

荜拨

长胡椒

被当成水果的香料

[别名] 荜拨

[主要产地] 印度尼西亚、马来西亚；中国台湾及南方各省。

[挑选] 色泽黑且有光泽为新鲜货；色泽暗沉无光泽，则为陈货。折断后胡椒香气及辣度明显。

[保存] 常温阴凉处保存，但要避免受潮。

[风味] 晒干的果实具有丰富的挥发精油，除了有辛辣味，还有一种清新果香，常用于麻辣锅配方。也可直接用于烹饪，不过因香气特殊，喜不喜欢见仁见智，且用量不宜太多。心脏不好者吃多容易心跳加速，适量食用即可。

是胡椒也是新鲜水果?

当年从东南亚、南亚与白胡椒一同传入中国后，长胡椒似乎就不见踪影了，其实并不是消失，只是传入中国后便被更换了名字，大家一直在寻找的长胡椒，似乎在香料市场中很难找得到，但它却一直默默地躺在药铺的药柜中，没有缺席过，只是在药铺体系中，不曾出现“长胡椒”这个名字，而是以“荜拨”的名称出现，在药铺中扮演着应该存在的角色。

以前，无论是某名店的香料配方，或者远从内地带回来的卤水秘方，又或是自己研发多年的腌制香料，都以“荜拨”这一香料名称出现在配方中，而非长胡椒，即便是大多的药铺也未曾听说过长胡椒，所以就无从联系起来。

然而在西式香料中所称的长胡椒，在台湾其实有更深一层的运用，只是大家甚少去深究其关联性。

在台湾，槟榔均以鲜食为主，将新鲜槟榔对切后，在里面涂上白石灰或红石灰并夹上一小块新鲜长胡椒后嚼食。所以，台湾人将新鲜长胡椒当作水果看待的原因就在于此。

但长胡椒有个特点，在新鲜的状态下，生食并不会散发胡椒香气，反而有股浓浓的槟榔的生青与辣涩感，真正要散发胡椒的辣香气味，反倒是干燥后才会明显，这与其他胡椒有着明显不同。

香料与水果之分，其实就是一体两面的事。

白卤水牛腱

香料

- 荜拨　3克
- 白豆蔻　3克
- 山柰　6克
- 丁香　2克
- 甘草[①]　3克
- 草果　1粒
- 小茴香　5克
- 肉桂　5克
- 白胡椒粒　5克
- 芫荽子　3克

材料

- 牛腱　3块
- 水　2斤
- 姜片　5片
- 葱　2根
- 盐　适量
- 香油　适量

做法

1 将所有香料装进棉布袋中。

2 起一锅冷水，放进牛腱加热，焯水后备用。

3 另起一锅水，放进香料包、姜片、葱、适量的盐及牛腱。

4 开火，待水开后调至小火卤制2小时。

5 取出牛腱后放凉切片、淋上香油即可。

长胡椒使用时可折断，胡椒香气及辣度更明显。

① 甘草：和中缓急，润肺、解毒，调和诸药。湿浊中阻而脘腹胀满、呕吐及水肿者禁服。

ALLSPICE

酸

苦

甘

涩

辛

咸

凉

麻

甜胡椒

让哥伦布名留青史的香料

［别名］ 众香子、多香果、牙买加胡椒

［主要产地］ 中南美洲。

［挑选］ 放入口中咀嚼，有淡淡综合五香香气，表皮坚固，没有破损。

［保存］ 目前在市面上可购买到的众香子，可分为粒及粉两种，一般众香子粒常温储存即可，若是众香子粉则需用密封瓶储存为宜。

［风味］ 具有类似五香粉的综合香气，可以临时充当五香粉使用。

这一切都是那只麒麟的错？

当年郑和七次下西洋，其中最远到达东非的索马里以及坦桑尼亚一带，找到了传说中的麒麟，当年要是不急着赶回来将其献给明成祖朱棣，或许郑和就会继续航行，也就可能先绕过好望角，而比哥伦布早80年到达美洲，发现所谓新大陆了！或许今日大家谈论的便是郑和发现新大陆，并将众香子带回中国，而不是哥伦布将牙买加胡椒带回欧洲了！

提到众香子，不得不说一下当初哥伦布阴差阳错的误会。

从中古时期到三四百年前，胡椒在欧洲一直是高贵的香料，就如同黄金一般珍贵，哥伦布当时就是为了要到印度及中国寻找胡椒而出海的，也就是如此的阴差阳错，让他发现新大陆而名垂千古，在中美洲加勒比海附近（他以为是印度），发现了众香子，由于哥伦布并未见过胡椒的果实，看见一串串绿色的浆果，就错将众香子当作是胡椒，带回西班牙，于是也称之为胡椒。

众香子在今日也算是运用很广的香料之一，它的果实混合了肉桂、肉豆蔻、丁香、豆蔻皮及胡椒的综合香气，还有一丝清凉的口感，所以也被称为多香果，但与胡椒相比又少了一股香辣感；众香子也比胡椒果实来得大，但呈棕褐色形态。

虽然众香子的应用面很广，但在中式香料中，则是近几十年才开始运用的新兴香料，一般还是多用于西式烹饪，也更加多元，除了腌渍肉类，烹饪海鲜及甜点都可看到它的踪迹。相反，当用在中式烹饪时，大都以复方的形式出现，如百草粉、麻辣火锅、卤水、咖喱配方等。

不过，当我们临时找不到五香粉时，众香子倒是有一妙用，只要将众香子研磨成粉，即可当成五香粉的代替香料。

众香子烤肉

材料

猪梅花　500克

众香子粉

众香子　10克
香菜籽　5克
匈牙利红椒粉　10克
黑糖　20克
白胡椒粉　6克

腌肉酱

众香子粉　25克
蜂蜜　25克
海盐　5克
橄榄油　30 毫升

做法

1 将众香子粉的材料全部调匀备用。
2 猪梅花洗净擦干，取调制好的众香子粉25克，与蜂蜜、海盐、橄榄油拌匀，腌渍一个晚上。
3 将腌好的猪肉放进烤箱，用170℃烤制90分钟后取出，放置20分钟后切片即可。

《 美味小秘诀 》

- 没有使用完的众香子粉也可以拿来做腌猪肉，按众香子粉：海盐＝1：3的比例；增强盐度，用来腌渍五花肉，腌渍3天，洗除腌渍物，就可以直接烤来吃。
- 众香子粉建议放入密封罐里保存。
- 肉烤好后先静置，运用冷缩原理，可以让肉汁收缩在烤肉里面，一方面增加烤肉熟化程度，一方面也能增加肉汁的含水量。

MAKAUY

酸 苦 甘 涩 辛 咸 凉 麻

樟树科

马告

不是台湾特有的香料

［别名］山胡椒、木姜子、山鸡椒、山苍子

［主要产地］ 缅甸以及中国台湾、云南、四川等。

［挑选］ 选购色泽黑、有光泽且香气足的。

［保存］ 马告由于含有丰富的挥发油，所以在储存时，建议用密封瓶收藏，并放置冷藏或冷冻，可避免马告的香味快速飘散。

［风味］ 马告是从泰雅族语Makauy而来，是台湾少数民族常用香料，但不是特有香料，具有柠檬、香茅及姜的综合香气，很适合炖肉煮汤。

大约在十年前，每当有人介绍到台湾少数民族的美食“马告鸡汤”，常会说，里面的秘密香料——马告，是台湾特有香料！但是，果真如此吗？

马告，带有老姜及胡椒香气，却没有这两种香料的辛辣感，又好像加了柠檬香茅但却没有香茅的青草味，这个又称为“山胡椒”的香料，也称“荜澄茄”，显得有些混乱。

后来大家才慢慢知道，马告并非台湾特有的香料，只是拥有多个不同的名字，也很早就在不同的地区演化出各式用法与美食烹饪。

原来换个地方，马告就变成木姜子了，贵州的酸汤鱼，里面画龙点睛的秘制香料油，称作木姜子油，也就是我们熟知的马告，只是贵州习惯性地将木姜子榨油使用，而台湾较习惯将干燥或冷冻原粒打碎使用。一样的香料，却因地方不同而使用名称也存在差异。

台湾叫作“马告（山胡椒）”，四川、云南、贵州称为“木姜子”，但从云南越过关卡来到缅甸北部的金三角一带，又叫回“山胡椒”了。

住在缅甸北部金三角的华人朋友跟我提到，自从金三角大部分地方无法继续种植罂粟之后，有一部分地区就转栽种山胡椒这类的经济作物，但当地人却很少使用这种香料，反倒是再卖到云南，这种香料就又改名为木姜子，再制作成木姜子油使用在烹饪上。

比较可惜的是，目前台湾尚未有较大规模的经济种植，一切仍以自然野生的形态采收，我想如果站在美食或地方特色的推广角度来看，规模种植尚有努力的空间。

马告鸡汤

材料

干燥马告　10克
带骨仿土鸡腿　2支
姜片　少许
盐　少许
米酒　少许

做法

1 将马告拍碎，用棉布袋装起。
2 将鸡腿剁块，焯水后洗净备用。
3 起一锅水，放入鸡腿肉、马告、姜片。
4 煮开后，调至小火继续炖煮20～30分钟。
5 在熄火前加入适量盐、少许米酒调味即可。

CUBEB

酸
苦
甘
涩
辛
咸
凉
麻

樟树科 / 榨过油的马告

荜澄茄

废物再利用的辛香料

［别名］ 山胡椒、澄茄

［主要产地］ 印度尼西亚、印度；中国广东、海南、广西等地。

［挑选］ 选购时建议挑色泽黑、有光泽且香气足的。

［保存］ 常温密封阴凉处保存。

山胡椒与马告一事尚未完毕！

多数人常会对这两种香料感到迷惑与困扰，不只是名称所带来的混淆，也常因香气不同而摸不着头脑，当年李时珍在《本草纲目》所说的荜澄茄一类两种，就已经那么难理解了……

在大家都还搞不清楚之际，忽然间又多了一种，也叫作荜澄茄也称为山胡椒，李时珍当年所说的荜澄茄一类两种，终于还是被后人们改成一类三种了。

长期以来，药铺的药柜中一直有着荜澄茄这种药材，因为没有所谓姜、胡椒及柠檬的混合香气，只有苦与涩，所以一直不当香料使用，只被当作药材看待。

但人们却在偶然间发现了贵州等地所制作木姜子油后的料渣，本应该变成废料，竟摇身一变，成为药铺所使用药材的一种荜澄茄。这个榨过油的木姜子，还存在着一点点香气，又带一点点油腻，但又不像马告（或俗称木姜子）的香气这么浓郁，当然这也勉强叫作山胡椒，更流入药铺中被充当荜澄茄使用。

是误用？还是有意使用？重要的是，我们是否有能力来分辨这当中的差异性，免得原本要入香料的马告或木姜子，来煮一锅有柠檬香气的鸡汤，最后却错用药铺里没有了香气且苦涩味明显，只能当成药材的荜澄茄！

关于长尾胡椒（爪哇胡椒）

在互联网世界中，还可搜索到另一种荜澄茄，又名长尾胡椒或爪哇胡椒，所描述的香味气息和马告相似，所以大多数人会将其与马告误认为同一种，但马告属樟树科，而长尾胡椒属胡椒科，或许这当中有些误植，但就其果实部分还是有明显的差异性，尤其是在果柄的部分明显不同。

麻

荜澄茄

勉强挤进胡椒类别的药材

[别名] 山胡椒、澄茄

近年来药用荜澄茄需求甚少，这一两年遍寻上游厂商，均无存货，或是存货只有榨过油的马告，暂无法顺利找到本篇所用的荜澄茄，但又不可以假乱真，故未附上照片。

[主要产地] 东南亚、中国东南与西南各地。

[挑选] 选购时建议挑色泽黑、有光泽且香气足的。

[保存] 常温密封，阴凉处保存。

[应用] 只入药不入菜的山胡椒。

当年李时珍所说的荜澄茄一类两种，在药铺中，一直以来都是药用，也只有苦味与涩味，再加上运输与保存的关系，不曾留意是否有其他香气存在，因为不被当成香料看待，也就没有人去留意药铺里的荜澄茄是否曾经出现过其他种类。

但当中式香料逐渐被重视、讨论后，这种香料的差异性，与同名不同物的现象，慢慢地又被重新提起。荜澄茄在以前的医药典籍中提到，一类两种，但为什么会出现所谓的一类两种，而两种却又不是同科属的植物种子，香气与味道不相同，这也有其历史背景。

在明朝甚至更早的朝代，中国所使用的荜澄茄，一直都被当成药材使用，人们看重的是其药性，但由于交通不便加上幅员辽阔，从东北到广州，事实上要取得同一种药材，并不是一件容易的事，所以在用药的需求上，就会在当地寻找药性雷同的植物来替代，演变至今才会产生同样是荜澄茄，却有三种不同的东西出现的状况，也分属胡椒科与樟树科。而在大家的认知中，山胡椒又等同于荜澄茄，所以才会造成大家对山胡椒有众多不同的看法。在当时的历史背景中，这是可以理解的一件事，但若站在香料的使用层面上，这又是一件让人无法认同的事。

原来药铺体系的荜澄茄一直以来都有好几种，而只有苦味与涩味的山胡椒也一直都在。

花市的胡椒树

在台湾的花市中，常会看到有老板售卖“胡椒树”，但买回家种植后，却永远盼不到胡椒树挂果胡椒串的那一天，更别说是胡椒串由浅绿转成红色的胡椒果了。其实这并非胡椒，而是花椒的一种，是芸香科植物。

这种植物有一个特点，小小的叶子，带有明显柑橘类的精油香气，又称鳍山椒、岩山椒。因为台湾气温偏高，所以要看到花椒挂果的概率并不高，在气候凉爽的地区，或许有机会看到这所谓的胡椒树所结的花椒果！

1-2 茴香家族

茴香家族是大家都在各说各话的一类家族香料。

毫无意外，大家一致认为，所有香料中，茴香类的名称最混乱，有些说孜然是小茴香，又说孜然是大茴香，有些书说千里香是莳萝，或称小茴香为怀香！几乎没有一本书能说得清楚，下面我就来说说自己对茴香家族的看法与见解。

这并非代表大家都在胡说八道，只能说中西方对于这类香料，存在着名称上的差异性，要明了这些差异，就要看作者是从西式香料还是中式香料的角度来看待茴香家族的香料了。

虽然这个族群庞大的茴香种类中，有些在中式香料不曾出现或极为少用，以下我们也从老药铺的角度，从中式香料的角度来聊聊茴香家族。让大家将来能简单地从不同香料书中，比对出大家说的茴香，在你心目中到底是哪一种茴香！

中式小茴香
黑孜然
孜然
藏茴香
葛缕子

ANISE

酸 苦 **甘** **涩** 辛 咸 **凉** 麻

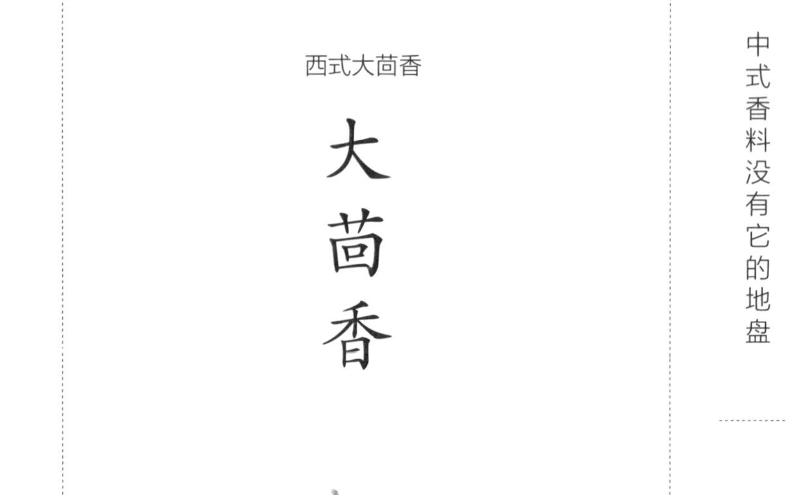

西式大茴香

大茴香

中式香料没有它的地盘

[别名] 洋茴香、欧洲大茴香

[主要产地] 地中海地区、埃及。

[挑选] 在选购各式茴香时，要尽量选择颜色有光泽的新货，香气也会较好；放入口中咀嚼有明显八角茴香的味道，甜度明显。

[保存] 茴香家族通常以常温保存即可，不过冷藏可延长保存期限；若选购瓶装茴香粉，开封后要尽早使用完毕。

[应用] 与八角茴香相似的甜香味气息，也可作为八角茴香的替代品。

不少人都有着相同的困扰，为什么香料书所说的大茴香，跟药铺买到的大茴香长得不一样？以前的医药书籍中也明明说到，茴香有大小茴香之分，药铺里的大茴香何时又变成八角了？

药铺所说的西式大茴香，并不是八角茴香，却有着与八角茴香相似的香气与味道，开头曾经提到，茴香家族一类，是目前所有香料书籍中名称最混淆的一群，根本的原因，就是这类中西族群的香料，有些偏西式香料，有些又偏中式香料，更有中西混用的，最终就造成茴香家族名称极为不统一的状况。

过去医书中曾提到大小茴香之分，但大茴香何时不见了，其实无法说明，也就无法证明当时所提到的是否为现在西式所称的大茴香或孜然，抑或原本就是小茴香，只是产地不同而已？

而有人说这是洋茴香，不过从药铺的角度来看，这大小形态，有别于中式小茴香与孜然，略大于藏茴香，味道却与八角茴香相似的大茴香，应该专属印度香料店或西式香料店里才会出现的香料，千万别到药铺来找，肯定会大失所望。

西式大茴香，虽然味道与八角相似，却显得更柔和细致，在烹饪的使用上，不仅止于印度烹饪，也常见于中东及西式烹饪或烘焙之中，甚至大茴香所萃取出的精油，更是制作茴香烈酒或茴香甜酒必备的元素。

大茴香猪油酥

材料

酵母　10克
白砂糖　20克
中筋面粉　400克
大茴香　3克
杏仁粗碎　120克
杏仁粉　100克
温水　220 毫升
黑胡椒粗粒　2克
海盐　2克
猪油　200克

做法

1 将砂糖、酵母与一半的温水搅拌均匀，静置10分钟备用。
2 接着拌入1／3的中筋面粉与大茴香，静置1小时以上使之完全发酵。
3 将杏仁粗碎炒出香气。
4 待步骤2的面糊完全发酵后，加入所有剩余材料揉成面团，再静置30分钟发酵。
5 将发酵好的面团分切成70克一份，整形成麻花状再卷成圆圈状，继续发酵20分钟。
6 将猪油酥面团放入烤箱，用200℃烤20分钟，再降至160℃继续烤30分钟，烤至表皮坚硬，敲击声酥脆即可。
7 取出后放置10分钟，使之降温再食用。

FENNEL

酸
苦
甘
涩
辛
咸
凉
麻

中式小茴香

小茴香

药铺中地道的小茴香

[别名] 小茴、甜茴香

[主要产地] 地中海和东南亚地区。

[挑选] 尽量挑选色泽偏苹果绿，甜味明显的。

[保存] 茴香家族一般只要放置阴凉处避免受潮即可，若是研磨成粉的茴香粉就需用密封瓶收藏，避免香气快速挥发。

[风味] 性温味辛，有淡淡甜味。常见于咸水鸡卤水中，也可用于炖肉，是五香粉的基本成分。欧洲常用于鱼鲜去腥，印度人则会加入咖喱香料中，与孜然搭配使用。

别人口中的怀香或洋茴香，在药铺中就叫作小茴香，就连香料市场或是农贸干货市场，也一样都叫小茴香，从未更改过；怀香在中式香料中，指的则是另一种香料，而西式香料最常称为小茴香的孜然，它就是孜然，一样未曾变动过。

小茴香的形体比孜然明显大上一号，味道也截然不同，不似孜然如此霸道直接的香气，却多了一股甜味与微辣感，也没有葛缕子的苦味层次。

在运用层面上，中式小茴香几乎是所有复方香料的基本成分，不管是从最基础的五香粉、十三香，再到一般卤水香料，或是更进一步到麻辣锅香料，无一不见这小茴香的踪迹。

常见用法会以小茴香搭配孜然，这两种同为茴香种类、但香气不同的茴香组合，可创造出不同香气的层次感。

小茴香萝卜干辣椒酱

材料

A
- 小茴香粉　15克
- 朝天椒　300克
- 菜椒　300克

B
- 蒜末　200克
- 萝卜干　300克
- 色拉油　400 毫升
- 豆豉　50克
- 酱油　30 毫升

做法

1. 将辣椒洗净，晾干或擦干，用调理机打成粗片状。
2. 将蒜头拍碎或用调理机打碎；萝卜干泡水，稍稍洗去盐分后，沥干备用。
3. 起一干锅，开小火先将萝卜干炒干水分并炒出香气后，起锅备用。
4. 重起一油锅，放入辣椒碎，用小火煸炒出色泽及香气后，加入蒜碎继续炒制。
5. 炒至蒜香出现，再加入炒香的萝卜干及豆豉，待炒出多余水分后，最后从锅边烹入酱油，加入小茴香粉，搅拌均匀即可熄火。
6. 分装，冷却后即可冷藏保存。

炸酱

材料

猪肉馅　600克
豆腐干　200克
毛豆　200克
姜末　20克
蒜末　40克
葱花　适量
色拉油　50 毫升
水　200 毫升

调味料

白胡椒粉　1克
小茴香粉　3克
甜面酱　3大匙
豆瓣酱　2大匙
冰糖　适量
酱油　1大匙
盐　少许

做法

1 猪肉馅放入白胡椒粉、小茴香粉及少许酱油拌匀。
2 将豆腐干切丁备用。
3 起一油锅，先将豆腐干煸炒至金黄色后起锅，锅中留炒豆腐干的油。
4 下蒜末及姜末爆香后，下肉馅炒至肉馅变色。
5 下甜面酱及豆瓣酱继续炒制，炒至豆瓣酱香味出现。
6 下豆腐干丁、毛豆、冰糖和剩余的酱油，翻炒一下。
7 加水200毫升继续煮制，待稍微收汁后，再用盐调味即可。

CUMIN

酸

甘
涩
辛

凉
麻

西式小茴香

孜然

连成吉思汗也疯狂的香料

［别名］小茴香、马芹子

［主要产地］中国新疆、甘肃、内蒙古；印度、埃及。

［挑选］挑选时，尽量挑选色泽偏苹果绿，拿几粒放在手心搓揉，香气明显。

［保存］一般只要放置阴凉处避免受潮即可，若是研磨成粉的茴香粉就需用密封瓶收藏，避免香气快速挥发。

［风味］对牛羊肉的去腥很有效果，主要用于新疆烤肉，也用在麻辣火锅、咖喱粉与百草粉内。属温热香料，热油或高温能帮助释放香气。

这个香料名称差异最大。西式香料称小茴香，也有人称大茴香，但在老药铺里一直都叫孜然，没有改过名，也无法改名，因大小茴香名字都被占用了。

多数人会认识孜然，我想大多与元朝成吉思汗有关。十几年前的一股蒙古火锅热，将孜然也一并带到了台湾的香料体系中，在这之前，听过孜然的不多，药铺将小茴香当作孜然出售的大有人在。

之所以如此，正是因为当年火锅业者们，都将这蒙古火锅独特的孜然味，与成吉思汗作联系，就因为成吉思汗所带领的蒙古大军吃了这火锅，所以体力大增，攻无不克，战无不胜，后来才开创出横跨欧亚非的疆域。

用香料与故事联系，无非是要为香料创造神奇与特殊性，这是夸张了些，不过就香料本身而言，孜然对于猪牛羊较重的腥膻味，的确有着不错的去除效果，所以用蒙古大军所在西北方来创作故事的联系也就说得过去了，因为香料产地、猪牛羊的养殖地都在那里。

孜然在中国大陆，是一种人们再熟悉不过的香料，因为从北方人爱吃的烤串，再到南方也流行的烧烤，孜然俨然就是第一男主角！因为内地的烤串，若少了孜然一味来去腥提香，这烤串就失去应有的味道了。

不过孜然虽然香气明显，但这直接且霸道的香气，并不是每个人都能接受的，是一种让人爱恨分明的香料。

烧烤孜然调味料

A 以香料粉调制

孜然粉 20克
白芝麻粒 15克
辣椒粉 10克
白胡椒粉 5克
五香粉 3克
味精 10克
盐 20克

做法

将所有香料粉混合均匀即可。

B 香料颗粒制作

孜然粒 50克
岩盐 40克
味精 15克
细糖粉 15克
白胡椒粉 10克
黑胡椒粉 10克
肉桂粉 10克
芫荽子粉 10克
五香粉 5克

做法

1 先将孜然粒放入调理机稍微打一下，保留孜然的粗颗粒感，如此可让孜然香气不会快速挥发。
2 将岩盐及味精用调理机打成粉状。
3 最后将孜然颗粒和所有材料充分混合即可。

烧烤羊肉串

材料

自制孜然粉（P68-配方B） 10克
羊肉丁 200克
韭菜 适量

做法

1 将羊肉丁用孜然粉腌渍2小时以上。
2 取腌渍入味的羊肉丁与韭菜段，用铁钎穿起。
3 放入烤箱，用200℃烤5分钟后翻面。
4 再继续烤3分钟至表皮金黄即可。

酸

苦

甘

涩

辛

咸

凉

麻

葛缕子

中式香料不太常见的茴香类

[别名] 草地小茴香、藏茴香

[主要产地] 欧洲、北非、西亚。

[挑选] 挑选时，尽量挑选色泽偏浅绿，带一点褐色，但不发黑的，拿几粒放在手心搓揉，辛凉香气明显，带一点苦辣味。

[保存] 通常常温保存即可，冷藏可延长保存期限；若选购瓶装茴香粉，开封后要尽早使用完毕。

这个在中式香料中不太常见的香料，形态却比黑孜然更像孜然，且稍微弯曲。

葛缕子的香气味道是所有茴香类中最为丰富的一种，因为包含了茴香类都有的涩、辣、凉味，更多了一股明显的苦味。

味道接近孜然，但比孜然淡多了，气味不像孜然如此霸道，多了一股孜然所没有的苦味，与西式大茴香一样带有茴香类少有的涩味，但却更加明显。

常见于印度烹饪或欧式烹饪，是匈牙利炖牛肉中必备的香料，然而中式烹饪中不见其踪迹，或许也是因为产地不在东方，所以虽然是茴香家族的一员，但少被纳入中式香料的范畴。

《 美味小秘诀 》

- 葛缕子碾压后更香。
- 如果不喜欢黑啤酒的苦涩，可用黑麦汁替代，相应也要减少黑糖使用量。

爱尔兰黑啤酒炖肉

材料

猪脸颊肉（去除多余油脂） 600克
海盐 适量
黑胡椒粉 适量
葛缕子（略微碾压） 5克
面粉 适量
橄榄油 80 毫升
洋葱（切块） 1颗
洋菇（切丁） 10朵
蟹味菇（切块） 1包
黑糖 20克
黑啤酒 800 毫升
月桂叶 2片
去皮胡萝卜（切块） 1条
黄皮小马铃薯 3颗
黄油 30克
香芹碎 少许

做法

1 猪脸颊肉用盐、黑胡椒粉、部分葛缕子腌渍1小时以上，取出粘裹面粉备用。

2 取一平底锅，加入橄榄油，将猪脸颊肉表面煎至金黄，加入洋葱、洋菇、蟹味菇一起炒香，接着加入黑糖炒化，再加入黑啤酒，并放入剩下的葛缕子与月桂叶一起煮开，调至小火慢炖20分钟。

3 20分钟后，加入胡萝卜、马铃薯并加入适量开水，再继续用小火炖煮15分钟直至收汁。

4 起锅前，加入黄油使酱汁更浓稠，并撒上香芹碎即可。

红酒炖牛肉

材料

- 牛肋条　600克
- 洋葱　1颗
- 马铃薯　1颗
- 红酒　240 毫升
- 牛高汤　1升

调味料

- 海盐　5克
- 葛缕子　3克

做法

1 将牛肋条切除多余油脂，用海盐、葛缕子腌渍备用。
2 洋葱、马铃薯切大块备用。
3 热锅煎香腌渍好的牛肋条、加入洋葱与马铃薯拌炒上色，再倒入红酒烧制，浓缩汤汁至1／3。
4 最后加入牛高汤一起炖煮至浓稠即可。

DILL

酸
苦
甘
涩
辛
咸
凉
麻

莳萝

在市场中就能找到的香料

［别名］莳萝椒、瘪谷茴香、土茴香

［主要产地］原产地中海沿岸，欧美国家栽培较多。中国华南地区有少量栽培。

［挑选］辛凉香气明显，带一点苦辣味。

［保存］通常常温保存即可，通过冷藏可延长保存期限；若选购瓶装莳萝籽粉，开封后要尽早使用完毕。

［应用］莳萝籽在使用上，与其他茴香类大致一样，通常都要经过研磨或粉碎，才能将味道释放出来。

药铺的上游称为盘商或进口商，原本属于中式香料的同一个体系，应该对香料名称有相同的认知才对，但笔者从这些年的经验中却发现，老一辈盘商称之为莳萝或怀香，反倒不清楚千里香是什么？而年轻一辈的盘商却相反，大部分人不知道莳萝或怀香，因为他们称之为千里香。

还好这香料相对好辨认，略扁平椭圆的外观，苦辣中带着一股清凉的味道，中西方名称也算统一，反倒是自家人起了代沟了。

市场里的生鲜莳萝，无论是加蒜末清炒或是包成水饺，有明显浓郁的味道，足以让人尝过一次，便无法忘记这香料的气味！

面香莳萝煎蛋

材料

- 生鲜莳萝　1小把
- 鸡蛋　4颗
- 中筋面粉　50克
- 水　100 毫升

调味料

- 胡椒粉　少许
- 盐　适量
- 亚麻籽油　适量

做法

1 莳萝洗净、沥干水分，切细备用。
2 先用冷水将中筋面粉调开，调开后，再加入鸡蛋打匀。
3 加入切细的莳萝及胡椒粉、盐调味。
4 再次将蛋液面糊及莳萝拌匀。
5 起锅倒入亚麻籽油，放入拌匀的莳萝蛋面糊，两面煎至金黄即可起锅。

莳萝三文鱼鸡肉馄饨

馅料

鸡腿肉末　250克
三文鱼清肉末　130克
盐　3克
白胡椒　3克
白葡萄酒　适量
新鲜莳萝叶　7克
莳萝籽　5克

材料

馄饨皮　15张

做法

1 将馅料一起混合搅拌均匀，备用。
2 取馄饨皮包入调配好的馅料制成馄饨。
3 将包好的馄饨放入沸水中煮熟后取出即可。
4 依个人喜好蘸酱料食用。

酸 苦 甘 涩 辛 咸 凉 麻

黑孜然

没有葛缕子黑的孜然

[别名] 黑茴香、波斯孜然、野孜然

[主要产地] 原产中亚和南亚。

[挑选] 挑选时拿几粒放在手心搓揉，孜然香气明显。

[保存] 通常常温保存即可，通过冷藏可延长保存期限；若选购瓶装茴香粉，开封后要尽早使用完毕。

第一次见黑孜然，总认为它就是放了很久，颜色已经变深，形体也缩水的孜然罢了！所以，如果直接说它是孜然，肯定也有人会相信。

但如果不分辨其味道，其外观更容易与葛缕子混淆，这一类香料一般会出现在欧式与印度料理中，在台湾算是少见的香料种类之一，要寻找还是得去印度香料店；在印度烹饪中，黑孜然可以与孜然替代使用。

黑孜然羊腿汤

材料

羊肉丁　300克
胡萝卜丁　80克
白萝卜丁　80克
洋葱丁　80克
西芹丁　80克
圆白菜丁　50克
高汤　800 毫升

调味料

黑孜然　8克
盐　适量
胡椒　适量

做法

1 羊肉丁用盐、胡椒、黑孜然腌渍备用。
2 取一汤锅，加入少许橄榄油，放入腌渍后的羊肉炒香至表面上色。
3 加入高汤与所有蔬菜一起炖煮20分钟后，再用盐调味即可。

AJWAIN

藏茴香

辛辣味最明显的茴香

[别名] 印度藏茴香、香旱芹

[主要产地] 南亚。

[挑选] 辛凉香气明显，带一点微麻味。

[保存] 通常常温保存即可，通过冷藏可延长保存期限；若选购瓶装茴香粉，开封后要尽早使用完毕。

[风味] 相比于孜然，气味更浓郁，宜少量使用。

伞形科一类的香料其实家族庞大，不单是这类茴香，就连药膳中常见的当归、川芎、白芷都是同族群。

千万别小看这茴香类中形态最小的藏茴香，形态类似西式大茴香而略小，辛凉感比较明显，只要一点点就可以显现出其风味，而辛辣味因过于明显，容易产生一股若有若无的麻味错觉。

这种香料在药铺体系中少见，要找寻就得到印度香料的专卖店，而印度藏茴香，又有别名叫独活草。

藏茴香熏三文鱼意大利面

材料

干燥意大利宽面　100克
烟熏三文鱼　50克
藏茴香（略微碾压）　2克
蒜片　10克
紫洋葱丝　10克
芥蓝菜（切粗丝）　20克
高汤　适量
鲜奶油　少许
橄榄油　适量
盐　少许
胡椒　少许

做法

1 煮一大锅开水，加入一大把盐，放入意大利宽面煮8分钟。
2 锅内加入橄榄油，放入蒜片与藏茴香用小火加热，直至蒜片变成粉白色。
3 继续加入紫洋葱丝、芥蓝菜、高汤一起煮开，并放入鲜奶油，调至小火煮至浓稠，再加入煮好的意大利面与烟熏三文鱼，快速搅拌，使面条吸附乳化的酱汁。
4 起锅前用盐、胡椒调味即可。

《美味小秘诀》

藏茴香一定要捏压才能出现味道，加入高汤也要煮一小段时间，使藏茴香的味道更加出色。

藏茴香烤饼佐咖喱酸奶

烙饼材料

A
酵母　4克
白砂糖　15克
温水　150 毫升

B
中筋面粉　300 毫升
藏茴香　3克
盐　少许
胡椒　少许

做法

1 将酵母、糖与温水混合，静置10分钟使之发酵。

2 加入其余材料混合，将面团揉至光滑，发酵1小时。

3 将面团分割成50克一颗滚圆，醒20分钟。

4 将面团擀成圆片，热锅煎至两面酥脆膨胀，饼熟了即可取出。

咖喱蘸酱

奶油乳酪　100克
柠檬汁　10 毫升
糖　10克
盐　2克
酸奶油　70克
自制咖喱粉　5克
柠檬皮屑　1克
香菜末　3克

做法

1 将奶油乳酪打软后，加入盐、糖、柠檬汁打至无颗粒状。

2 再加入酸奶油、咖喱粉、柠檬皮、香菜末拌匀即可。

酸 苦 甘 涩 辛 咸 凉 麻

中式大茴香

八角茴香

因形状得名的茴香

[别名] 大料、大茴香

[主要产地] 越南和中国广西。

[挑选] 挑选时尽量选择个头完整，且形体饱满，香气明显的。

[保存] 常温阴凉处保存，且应避免受潮。

[风味] 气味浓，带微甜与甘草味，常用于为各种肉类去腥增香，适合腌肉、卤煮、红烧，也是五香粉的基本香料之一。

茴香类中唯一不是伞形科的茴香！与西式大茴香都称为大茴香，但由于外观有着明显的八瓣形状，也是辨识度最高的一种香料。药铺称之为大茴香或八角，也习惯称大料，“八角茴香”，是中西方都能认同的一个香料名称。

虽然外观形体与西式大茴香截然不同，但味道与香味，与西式大茴香却极为相似。

八角茴香不仅是常见香料之一，用途更是五花八门，简单的两粒就可以当作卤牛肉的卤料，更别说是其他复合的香料配方，是中式香料中最常见的基本香料。

虽是常见且常用的基本香料，但还是有人不喜欢八角所带出的过于浓郁的香气，其干燥程度决定了品质的差异性。

而八角中所萃取的莽草酸，更是抗禽流感病毒的重要成分之一，具有消炎、镇痛作用，还可以作为抗病毒和抗癌药物中间体。

需要注意的是，另有一种莽草（假八角）和真八角外观很相似，莽草也是一种中药材，与八角同属，但含有神经毒素，药材外观和八角长得很像，极易混淆。两者主要的分别：莽草果实较小，角数一般8～13个，长短不一，果荚较细长，味道较苦，千万别搞混了。

台式经典卤味

材料

- 猪头皮　半张
- 猪耳朵　1个
- 小豆干　半斤
- 鸭翅　5支
- 鸭胗　5个
- 海带结　半斤
- 米血　1块

香料

- 肉桂　15克
- 八角　10克
- 小茴香　10克
- 陈皮[①]　8克
- 山柰　6克
- 桂枝[②]　5克
- 白胡椒　5克
- 白豆蔻　5克
- 甘草　3克
- 丁香　3克
- 肉豆蔻　1颗
- 草果　1颗

调味料

A
- 酱油　1升
- 冰糖　400克
- 水　3.5升
- 姜　5片
- 葱　1根

B
- 香油　适量
- 酱油　适量
- 胡椒盐　适量

做法

1 香料放入调理机或果汁机中打碎，用棉布袋包起。

2 食材分别清洗干净。

3 先炒糖色。起一干锅开小火加入冰糖，将糖炒熔化后，出现焦糖香气时，再加入酱油煮一下。

4 煮出酱油香气后，加水3.5升及姜、葱，依食材特性，分次下锅。

5 加入猪头皮、猪耳朵、小豆干卤30分钟，再放鸭翅、鸭胗卤20分钟，最后放海带结、米血卤5分钟，熄火后闷2小时，起锅放凉。

6 切盘后，淋上香油及一点点的酱油，再撒上葱花即可。

---

① 陈皮：理气调中，降逆止呕，燥湿化痰。气虚、阴虚者慎服。

② 桂枝：散寒解表，温经，通阳。热病高热，阴虚火旺，血热妄行者忌服。

《 美味小秘诀 》

- 各家燃气灶火力各有不同，所以焖煮时间略有不同。
- 在卤煮过程，只要保持小滚状态即可。

◆ 台式红烧肉

材料

五花肉　1千克

香料

八角茴香　2颗

肉桂　1小块

调味料

酱油　1杯

冰糖　适量

米酒　少许

水　3杯

姜片　适量

葱段　适量

做法

1 五花肉切块焯水备用。

2 起一干锅，开小火放入五花肉，先将五花肉炒出油（以五花肉自身的油来煸炒），开中小火，炒至五花肉表面微焦黄。

3 下酱油炒出酱香味后，下香料、冰糖、米酒、水、姜片及葱段，稍微翻炒一下。

4 盖上锅盖，调至小火烧约45分钟，中途偶尔翻炒一下，待水分微微收干即可。

1-3 花椒家族

花椒大概是这十几二十年来最红火的香料了，就因为麻辣火锅及川菜菜系流行的缘故，让这原本只默默躺在药柜里的香料，立马成为热门的香料，品质也渐渐被重视起来。

在早年，麻辣火锅尚未流行之际，要买花椒大概只能上药铺购买，而药铺里的花椒，也几乎只有一种，不管是药用或烹饪用，甚至卤味用，通通只有一种——颜色已经变成黑褐色，又没什么香气的花椒，更别说要有什么“麻”的感觉，在当时不管是进口商、盘商甚至药铺，对于花椒都还处在药用阶段或是用在卤料包上，所以大多只保持着能用就好的心态。

这也间接地告诉我们，为什么过去的香料书或是烹饪老师常说，不管做什么用途，花椒一定要先干锅炒香，借由热锅将香气逼出来，要不然花椒会没有香气。

直到近一二十年麻辣锅引起风潮后，花椒慢慢地开始被重视，这几年在台湾要找到品质还不错的花椒并不难，是不是还需要如过去所说，在使用前必须经过干锅炒香，就值得重新考虑了。

干锅炒制固然能将花椒香气释放出来，但先行炒制过的花椒，会更香吗？还是反而会减弱花椒原本的香气与麻度？我想依不同用途或烹饪方式，花椒即有不同的处理方式，这才是现今对待花椒的正确之道。

保鲜青花椒
红花椒
青花椒

Red Zanthoxylum

酸 苦 甘 涩 辛 咸 凉 麻

红花椒

川式烹饪的灵魂

[别名] 蜀椒、川椒、秦椒、大椒、山椒、香椒

[主要产地] 四川、甘肃、陕西、山东等地。

[挑选] 红得发紫，紫得发亮。在选购时，花椒以花色红带紫色且柑橘气味足，花香气浓郁为佳。

[保存] 宜用密封罐收藏，放置冷藏可延长保存期限，并减缓香气挥发的速度；花椒粉用密封瓶收藏即可，但须尽快使用完毕。

你用的花椒叫作大红袍？我用的就不是？到底哪里的花椒品质最好？

大红袍三个字，一般是指称好品质花椒的代名词了，然而花椒品种众多，恐怕也非一篇所能详尽。不过大体上，红花椒粗分为南路椒、西路椒、野花椒，而所谓大红袍就是“西路椒”的代表，汶川、茂县两地产的最为知名。而南路椒又以汉源产的为代表，即为大家常说的贡椒。

这些年最常听到大家为了哪里产的花椒最好而争论不休，我想这并不太重要，因为花椒产地分布广，从山东、河南、河北、陕西、甘肃到四川、云南……这一大片地方都是重要产区，或许汶川和茂县产地最有名、品质最佳，汉源贡椒最细致，但更重要的是，你拿到手的花椒，从产地到厨房，到底走了多久，中间的保存过程到底好不好，我想这比标注产地更加重要，因为目前的产地标示刚刚起步不久，尚有很大的进步空间。

红花椒和青花椒一样，开花结果后，一开始挂果都呈现绿色，而到成熟期后再转成红色，这个小小红红的椒子，从汉朝起便是一种重要的辛香料，就因为成串的果实累累，性味偏热，甚至古代要子孙满房也得靠它，满屋墙壁布满花椒的椒房，就成为花椒的代表作之一了！

另外，以前老一辈都说，牙疼时塞一颗花椒、丁香或大蒜就可以暂时止牙疼，就是利用快速皮下吸收，达到局部麻醉的效果来止痛，医药典籍也如此记载，而我个人认为花椒的效果比较好。

什么样的花椒品质最好？其实不难辨别，只要掌握红得发紫，紫中透亮，而且柑橘味明显，不管是橘子或柳橙味道，符合上述这些要点，就是好品质的保证，有了这些分辨品质的方式，远比产地来得重要多了。

麻辣锅

材料

A
- 灯笼椒　70克
- 朝天椒　50克
- 大红袍花椒　30克

B
- 葱　50克
- 姜　100克
- 蒜头　100克
- 牛油　300 毫升
- 色拉油　200 毫升

C
- 郫县豆瓣酱　500克
- 米酒　50 毫升
- 酒酿　100克
- 冰糖　50克

香料

（一份，用果汁机打成粗颗粒状）

- 白胡椒　10克
- 桂枝　10克
- 肉桂　8克
- 小茴香　10克
- 八角　8克
- 山柰　8克
- 当归①　6克
- 川芎②　5克
- 草果　5克
- 肉豆蔻　5克
- 白豆蔻　3克
- 甘草　3克
- 丁香　3克
- 香叶　3克
- 孜然　3克
- 甘松香　3克

做法

1 将灯笼椒、朝天椒用热水泡软，沥干水分。

2 将沥干水分的辣椒，用果汁机或菜刀剁成辣椒碎备用。

3 用冷水泡湿大红袍花椒，沥干水分备用。

4 葱切段，姜切片，蒜头去膜。

5 起一油锅，炸香葱、姜、蒜后，捞起备用。

6 放入辣椒碎，以小火慢炒，炒干水分，炒至辣椒香气出来。

7 再放入郫县豆瓣酱，用小火炒香，炒出酱香味。

8 放入沥干水的花椒、米酒及酒酿，小火继续炒5分钟。

9 最后放入香料、冰糖及炸过的葱姜蒜，熄火静置两天即成麻辣酱。

10 静置后的麻辣酱，用大骨高汤16升兑煮40分钟过滤。

11 加入适量的调味料即成麻辣汤底。

---

① 当归：补血活血，调经止痛，润燥滑肠。热盛出血患者禁服，湿盛中满及大便溏泄者慎服。

② 川穹：活血祛瘀，行气开郁，祛风止痛。阴虚火旺，月经过多及出血性疾病慎用。

《 美味小秘诀 》

- 花椒泡湿，可减轻炒制时的苦味渗出。
- 静置两天，即所谓熟成，目的是要将香料及所有的食材香气，融为一体。
- 香料不炒制，只用油的温度将香气融入其中即可，并可避免因火候掌握不当而将香料苦味溶出的状况。
- 若有特殊因素无法使用牛油，也可换成猪油。

麻婆豆腐

材料

猪肉馅　150克
板豆腐　2块
葱　2根
姜　少许
蒜　少许

调味料

花椒粒　5克
辣豆瓣酱或郫县豆瓣酱　1大匙
赤砂糖　1小匙
酱油　1大匙
米酒　少许
水　150 毫升
淀粉（芶薄芡）少许
花椒粉　少许

做法

1 葱切末，将葱白和葱绿分开，姜及蒜切末备用。
2 板豆腐切小丁，起一锅水氽烫去豆味后，捞起滤干水分备用。
3 起一油锅，加入少许油，加入花椒粒开最小火，煸一下取花椒油后，捞出花椒不用，打出一半花椒油，另一半留锅中。
4 爆香葱白、姜末及蒜末。
5 下肉馅拌炒至变色，七八成熟时，加入豆瓣酱及砂糖，炒出肉末及豆瓣香气。
6 加入酱油、米酒、水翻炒一下后，加入豆腐丁，切勿翻动豆腐，只需轻推拨动一下豆腐即可。
7 待稍微收汁后，加入淀粉水芶薄芡，撒上少许花椒粉，淋上剩余一半的花椒油、撒上葱绿末即可盛盘。

花椒油

材料

红花椒粒（或青花椒粒） 50克
色拉油 200 毫升

做法

1 冷锅先下色拉油及花椒粒。
2 开小火慢慢升温，升温速度越慢，所萃取的花椒油浓度越高。
3 随着油温升高，花椒粒会出现小油泡。
4 待花椒粒的油泡消失后，滤出花椒，花椒油即完成。

花椒有一个重要特性，在应有的麻度外，后面还跟着一股苦味，尤其经沸水熬煮后，溶出的苦味更加明显；然而，若花椒是在油中萃取，就不会产生明显的苦味。当然花椒的苦味，也与品质好坏、含花椒子的量有关，苦味溶出的时间点也不同，这些就需要经验累积来判断了。

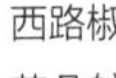

西路椒

花朵较为硕大，且整批量有一定比例的花椒花朵，有3~4朵相连。花椒香气在新鲜时，会呈现橘子或柚子香。俗称大红袍花椒，产地以汶川及茂县最具代表。

南路椒

花朵明显偏小，色泽虽红但更为深沉且紫，有3~4朵相连的量不多。花椒香气在新鲜时，会呈现柳橙香气。南路椒俗称汉源花椒，产地以清溪镇或牛市坡最具代表，又号称贡椒。

麻

青花椒

近年来才被大量使用的香料

［别名］麻椒、青麻椒

［主要产地］四川、云南。

［挑选］柑橘气味足且浓郁为佳，花椒表面以油苞数量多为上品。金阳品种呈现正绿色，带有莱姆香气；江津品种呈现墨绿色，带有柠檬香气。

［保存］宜用密封罐收藏，放置冷藏可延长保存期限，并减缓香气挥发的速度；花椒粉用密封瓶收藏即可，但须尽速使用完毕。

［风味］带有清新柠檬气息与花香，适合味道不那么重的烹饪，更能显出柠檬清香味；或与红花椒搭配，营造出多层次的花椒香。

在以前医药书籍中所称的花椒，都是指红花椒，对于青花椒并未提及效用，早期的青花椒就是一般农家使用而已，就连川菜中的运用其实也不多。

早期的香料书籍，也有不少提到青花椒即红花椒未成熟就采收下来干燥的，看似正确的论点，其实藏着早期对青花椒的漠视。随着这些年新派川菜的兴起，以及川式火锅的推波助澜，青花椒的运用范围不再仅是存在于农家菜里了。

这个带有浓浓柠檬或莱姆香气的青花椒，香气更加清新、穿透力更强，在香料的领域中，逐渐也占有一席之地。

现今青花椒最常被提及的是金阳与九叶青两大品种；藤椒虽也算青花椒的一种，但通常会另外论述。金阳与九叶青青花椒，色泽不同，香气也不同，金阳青花椒色泽较淡，香气似莱姆味，而九叶青青花椒，色泽较深，香气似柠檬味。

与红花椒相比，青花椒的香味更清香，柑橘类味道也可以保存较久，主要是柠檬香气较易保存，穿透力也较强。

花椒茶一直都是产地平时常见的茶饮之一，但冲成茶饮或是烹饪食物，在处理时若没有掌握好时间或温度，花椒麻香味出来后，所带出的苦涩味也会比红花椒来得明显。而日本的山椒也是花椒的一种，只是产地不同，所呈现香气也略有不同。

金阳青花椒

九叶青青花椒

椒汁白肉

材料

- 五花肉片　300克
- 青辣椒　5个
- 泡椒　10个
- 绿豆芽或黄豆芽　200克
- 蒜头　5粒
- 葱　2根
- 香菜　少许
- 保鲜青花椒　1把（约20克）
- 高汤　600 毫升

调味料

A
- 色拉油　少许
- 青花椒粒　5克（取花椒油）
- 香油　少许

B
- 盐　适量
- 胡椒粉　适量
- 鸡粉（或味精、白砂糖）　适量

做法

1 五花肉冷冻后切片，或用现成切片五花肉。

2 青辣椒切辣椒圈，泡椒切末备用。

3 蒜头拍碎切末，葱切末，香菜切2厘米长的段备用。

4 起一油锅（色拉油）先萃取花椒油，青花椒粒捞起不用，花椒油备用。

5 起一锅水汆烫豆芽菜，黄豆芽需烫久一点（除豆青味）；捞起豆芽沥干水分，放入深盘中。

6 同一锅水汆烫五花肉，捞起摆在豆芽菜上。

7 起一锅油，爆香蒜末、青辣椒圈及泡椒，加入高汤煮开，放入保鲜青花椒稍稍煮一下就好。

8 放入所有调味料B煮均匀，淋在五花肉上，撒上葱花。

9 另起一锅，加入香油、青花椒油热一下，淋在葱花上，再加上香菜段即可。

《 美味小秘诀 》

青花椒为什么不能久煮？

因为花椒久煮后，除了花椒的香与麻会释放出来，也会将花椒的苦味与涩味一并带出来。

Green Zanthoxylum

酸 苦 甘 涩 辛 咸 凉 麻

保鲜青花椒

中式香料难得一见的新鲜货

[别名] 青麻椒、新鲜青花椒

[主要产地] 四川、云南。

[挑选] 色泽翠绿，柠檬香味足。

[保存] 保鲜青花椒必须冷冻保存，若以冷藏保存，时间稍久，会使花椒出现褐变。

[应用] 可直接冲茶饮，或者作为火锅料理装饰。

不管是红花椒或是青花椒，在采收后都会尽快曝晒干燥，要不然花椒容易发黑，严重影响品质及香气。

近几年青花椒变得有点不一样了，不再只是农家菜的一环，也不再是采收后一律快速干燥，而是采收后清洗干净，然后经快速冷冻保存，维持住青花椒原有的香气与色泽，在使用层面上反而更加宽广了。

而这款新鲜冷冻保存的青花椒，一般都称为保鲜青花椒，以九叶青为主，市面上似乎尚找不到将金阳青花椒作为保鲜青花椒。主要是因为九叶青青花椒的栽种海拔较低，栽种面积也大，产量更多，香气更重，所以更适合冷冻保存使用。

但反观红花椒则因为冷冻保存后，无法维持住既有的色泽与香气，所以现阶段尚无法看到红花椒相关新鲜商品上市。

一小串的保鲜青花椒，泡成茶饮，或放在火锅上装饰点缀，是这些年常用的方式，新派川菜上也常见到将新鲜的青花椒端上桌。

青花椒菊花茶

材料

保鲜青花椒　10克
菊花　5克
热水　1000 毫升

做法

青花椒、菊花放进1000毫升热开水，闷泡5分钟即可。

酸
苦
甘
涩
辛
咸
凉
麻

藤椒

逐渐被重视的花椒种类

［别名］ 竹叶花椒

［主要产地］ 四川、甘肃。

［挑选］ 油苞颗粒大，色泽翠绿香气足。

［保存］ 密封冷藏或冷冻保存。

［应用］ 近几年，创新的川菜也渐渐用起藤椒油，由于藤椒油比起青花椒油所带的柠檬香气更浓郁，只要在一出锅时淋上一些，柠檬味顿时会与麻辣锅的浓郁香气融为一体，呈现更丰富的层次。其次，由藤椒油所衍生出的料理，也渐渐自成一个体系。

这藤椒似乎在市面上尚找不到干燥品，就连在成都最大的干货香料市场也一样，目前只是制作成藤椒油。

藤椒也算是青花椒的一种，但藤椒表面的油苞更明显，结果量大，含油量更多，香气明显，所以更适合榨油，成都著名的藤椒钵钵鸡或凉拌菜式中，藤椒油更是不可或缺的重要元素。

在这些年的推广下，藤椒也不再只是专用来榨油而已，四川的火锅及川菜上，藤椒元素也渐渐被重视。但也因为藤椒与青花椒不管是在外观或香气都极为相似，所以在使用上仍常会误用或混淆。

不过反过来说，藤椒油也可以当作青花椒油的代用品，只是味道更加强烈。

藤椒钵钵鸡

材料

A
- 去骨鸡腿肉　2支
- 姜片　少许
- 葱　2根
- 米酒　少许
- 盐　适量

B
- 西蓝花　1颗
- 笋片　适量
- 马铃薯　1个
- 鸡胗　6个
- 藕片　适量
- 长竹扦　若干

C
- 藤椒油　50 毫升
- 青辣椒　2支
- 红辣椒　2支
- 葱　1根
- 香菜　少许
- 鸡粉　适量
- 香油　适量

做法

1 将材料B洗净分切，用长竹扦穿起备用。
2 起一锅水，放入材料A，将鸡肉烫煮熟后捞起放凉。
3 再将步骤1食材依序放入烫煮鸡的水烫熟后，捞起放凉；鸡高汤也放凉备用。
4 将冷却后的鸡腿肉分切小块后，用竹扦穿起。
5 将材料C的红绿辣椒切成辣椒圈，葱和香菜切碎。
6 取一个钵，舀出放凉后的鸡高汤1升，并加入所有材料C。
7 加入所有竹扦穿起的食材，浸泡即成。

藤椒大酱火锅汤底

材料

A
泡姜　50克
泡青辣椒　200克
泡红辣椒　200克
泡豇豆　50克
咸菜　100克
新鲜青辣椒　100克
蒜末　100克
姜末　50克

B
鸡油　50克
色拉油　220 毫升
猪油　50克

C
米酒　50 毫升
白砂糖　50克
胡椒粉　5克
藤椒油　40克

做法

1 将泡姜、泡青辣椒、泡红辣椒、泡豇豆、咸菜切末。
2 新鲜青辣椒切成辣椒圈。
3 起油锅，放入材料B，炒香蒜末、姜末及辣椒圈。
4 炒出香味后，放入步骤1材料继续炒。
5 炒至酱香味出来后，再加入糖、米酒及胡椒粉。
6 最后熄火后加入藤椒油拌匀，熟成一天后即可使用。

兑煮成火锅

取120克的藤椒酱兑上1升高汤煮沸，再用盐和些许鸡粉调味即可。

• 所谓的“泡”，即是“泡”菜的意思，通过香料盐水或糖水浸腌主材料，经过泡制熟成，最好在20天以上。

酸 苦 甘 涩 辛 咸 凉 麻

早期南路椒

不愿降价求售的次级品

[别名] 麻椒、青麻椒

先前造访成都五块石干货市场所发现，当时未携带专业相机，只以随身手机拍下，画质不佳，因暂时无法前往产地拍摄，暂无图片呈现。

[主要产地] 四川。

[挑选] 其实是因为青花椒过于成熟，商家又不想降价出售，所以包装成新品种来混淆视听，有青带紫色及青带黄色两种。

[保存] 密封冷藏或冷冻保存。

[风味] 使用方式同青花椒，但香气稍薄弱。

这一两年，在成都最大的干货市场上，出现了一种有别于青花椒与红花椒，色泽呈现绿中带紫色的花椒——早期南路椒。

由于花椒在这些年的需求大增，连带着产区不断扩大，产量不断上升，而花椒的采收期又有一定天数，尤其青花椒更是明显，加上青花椒栽种海拔较低，更容易大面积栽种，在不出现天灾的情况下，产量较大，就容易采收不及，而出现青花椒过于成熟的状况。

大家都知道，红花椒成熟后就是红熟了，并不会再转成其他颜色。而青花椒采收时也趋近于成熟，因为过于成熟，反倒会让青花椒的香气减弱，所以一般都没见过真正青花椒成熟的样子。

但这些年九叶青青花椒栽种面积大增，偶尔会出现盛产却来不及采收，而使青花椒过于成熟的情况，在我们的认知中，不管是蔬菜或水果，只要是过于成熟，就应该属于次品，理应降价销售才对。

不过这市场营销厉害了，反其道而行，南路椒原本就是红花椒品种，为了要稳住价格，这种绿带紫色的花椒（即过于成熟的青花椒）就被包装成新品种，赋予了新名字，“早期南路椒”于是出现在市场上。所以下次见到这成熟的青花椒，千万别以为发现了新大陆，将其当成是早期南路椒。

若是金阳青花椒过于成熟，色泽会呈绿带黄或橘色；若是九叶青青花椒过于成熟，色泽为绿带紫色。

1-4 豆蔻家族

说起豆蔻，虽然种类众多，但却只是姜科植物所衍生出来的众多香料的一小部分而已，然而并非所有的豆蔻都是姜科植物种子，还是有例外，比如乔木的肉豆蔻，及其衍生出的三种香料，就非姜科家族的一环。

最适宜搭配咖喱的豆蔻家族！

说到豆蔻，人们的第一印象大概就是咖喱香料了，而事实也是如此，印度是香料重要的产区之一，在印度不管入药或是入菜，都与这些香料息息相关，豆蔻类香料与茴香类香料，都是印度咖喱中不可或缺的重要元素，而印度香料也因为咖喱，在香料分类中自成一体。

在咖喱世界中，并无所谓的正确香料配方，大家对于香气均有自己本身的爱好，所以也不会像是我们熟知复合香料中的十三香，有着固定的香料品种与配比。

咖喱香料的配比中，看似毫无章法，却有脉络可循，只要掌握几个基本香料，再搭上自己想要的香气层次，你也能创造出自己的咖喱配方，就如同在印度一般，家家户户都有属于自家的独门秘方！

香果
黑豆蔻
肉豆蔻
绿豆蔻
红豆蔻
白豆蔻
草豆蔻

酸 苦 甘 涩 辛 咸 凉 麻

白豆蔻

白中透紫为新鲜货

［别名］白蔻仁、白蔻、蔻仁、紫扣、白扣

[主要产地] 东南亚。

[挑选] 以颗粒饱满、无霉味为佳，味道清香，干净度高，且颜色亮白无暗沉色泽。

[保存] 以密封罐收藏，放置阴凉处即可。

[风味] 香气甜辣清爽、带微凉，常用于各式麻辣豆瓣酱或卤包中，用来辅助调香，不过香气飘散快、不易持久，多作为前味的隐味。

白豆蔻在药铺体系中，大概与草果及肉豆蔻一样常见，也同时被大量使用着。

透着凉感的香气，同时也赋予着芳香、健胃整肠的保健功效，不管是药用或作为香料使用，都很常见，从一般常用的卤水，再到十三香，或是川式卤味、各式锅品香料缺一不可，使用率极高。

就中式香料而言，白豆蔻、肉豆蔻及草果，这三种算是使用率非常高的香料，经常同时出现在同一组香料的组合中。而这一系列的豆蔻家族，就属白豆蔻最娇嫩，常会因保存不当，导致香气快速挥发掉或是受潮。

有时在互联网平台上流传的十三香配方中，会看到一种香料——紫蔻。大多数人都不清楚，这种紫蔻其实就是指白豆蔻。那么，为什么色白的白豆蔻会被称为紫蔻呢？原来，有部分产地的白豆蔻，在新鲜度极佳的时候，外表会呈现一层淡淡的粉紫色，以后若是又看到这种写法，你就明白，紫蔻到底是什么香料了！

有部分产地的白豆蔻，在新鲜度极佳的时候，外表会呈现一层淡淡的粉紫色，随着时间流逝颜色会变白。

◆ 白豆蔻小吐司

放置一晚的豆蔻面团，增强了发酵酒香，

烤出的吐司融合着豆蔻香气，十分合拍。

材料

A
- 酵母　7克
- 白砂糖　100克
- 温水　260 毫升

B
- 白豆蔻粉　30克
- 高筋面粉　500克
- 盐　5克
- 全蛋　50克
- 奶粉　20克
- 软化黄油　50克

做法

1. 将酵母、糖用温水先泡着，静置10分钟。
2. 除了黄油之外，将材料B都放入搅拌机。
3. 将面团搅打至能拉开薄膜，再加入软化黄油拌匀，充分融入面团即可。
4. 取出面团放入不锈钢盆，封上保鲜膜，在室温下放置一晚。
5. 取出白豆蔻面团整形，放入吐司模当中。
6. 以上火220℃、下火200℃烤30分钟后取出即可。

草豆蔻

带有青草味的豆蔻

［别名］草蔻、草蔻仁、老蔻

［主要产地］ 海南、广东、广西。

［挑选］ 色泽偏浅墨绿，不呈现褐色，味道浓郁。

［保存］ 阴凉处保存且避免受潮，密封尤佳。

［风味］ 没有明显突出的香气，运用其苦涩味，入菜有增香抑腥的作用，适合调制腥味较重的动物类食材卤水。

以前的医药典籍常会将草豆蔻与草果当作同一种，这个又称老蔻的香料，其实与草果的香气截然不同，也没有草果打碎后那种明显且霸道的香气，反倒有股淡淡的青草味，这味道是否人人都喜欢，我想是见仁见智的看法。

在豆蔻家族中，撇开所谓的健胃整肠功效外，某些具有香气，可增香、抑腥味，但有些种类并没有明显突出的香气，反倒是运用其相对明显的苦涩味，来达到抑腥增香的效果，草豆蔻就是其中一种。平时在牛、猪、羊这类有较重腥味的卤水中，就常见以草豆蔻来搭配其他香气明显的香料一起使用。

不过草豆蔻在功能使用上，因为有替代性，也就暗示着，会依不同地方的使用者而因地制宜。举例来说，在台湾，将草豆蔻入卤水配方的比例较低，这是因为我们的食材腥味较少，所以不需特别加入去腥效果强的香料，反而着重在增加香气的香料上。

反观大陆所流传的香料配方，若是用于动物性卤水的香料，草豆蔻出现的比例就相对高，即表示当地动物性食材的腥味较重。由此可见，在去腥香料的挑选与使用上，常会显示出当地食材的味道变化，这点除了关乎食材的保存习惯，更与畜养方式有着重要的关联性。

在香料世界中，我们常常会去寻找大家口中所说的秘方！然而这些秘方中，其实也隐约透露着当地的饮食文化与习惯。适合我的，不见得就适合你，反倒是要根据食材本身的特性与当地的饮食文化，搭配出适合的香料配比，这一点更加重要。

FRUCTUS GALANGAE

酸 苦 甘 涩 辛 咸 凉 麻

红豆蔻

常被香砂仁冒名顶替

[别名] 大良姜、山姜

[主要产地] 广西、广东、台湾、云南等地。

[挑选] 色泽红亮，香辣气味足。

[保存] 密封常温保存。

[风味] 味道较其他豆蔻来得更辛辣一些，常与花椒一起使用，有去异味增香的作用。

在大家对台湾的中式香料尚不太了解时，常常就有朋友将香砂仁（也就是月桃叶种子）当成红豆蔻使用，或将红豆蔻当作香砂仁。

红豆蔻其实是大高良姜的果实，巧合的是，大高良姜本身就是红色的，而红豆蔻也凑巧为红色的！

一种植物中，同时出现两种香料，或是更多，其实在香料中并不少见，最为著名的是肉桂，一棵树可以分成七种香料或药材。

而红豆蔻就是红豆蔻，味道浓郁，常常会与花椒一同使用，达到去异味增香的作用，但因为使用习惯不同，再加上红豆蔻在台湾并不常见，其他可赋予辛辣的香料种类也不少，所以红豆蔻在台湾的使用并不普遍。

香砂仁：月桃叶成熟的种子干燥而成，新鲜程度越高，清香与清凉的气息越明显，外观其实与红豆蔻有明显的差异，而叶子则是台湾南部客家妈妈端午节包肉粽不可或缺的粽叶。
红豆蔻：大高良姜成熟干燥的果实，带有一股明显姜的气味，有辛辣感，而无香砂仁清新的香气。

酸
苦
甘
涩
辛
咸
凉
麻

黑豆蔻

很像母丁香的一种香料

[别名] 棕色小豆蔻

[主要产地] 中国南部、索马里、马达加斯加，原产于喜马拉雅东部。

[挑选] 从外观较难辨识品质，打碎后带一股辛凉香气明显者为佳。

[保存] 密封常温保存。

黑豆蔻，也称之为棕色小豆蔻。长得像营养不良的草果，像是放大版的砂仁，也像是母丁香。

在印度香料中算是常见的香料，在欧洲料理中也不缺席，唯独在中式香料上，不见其踪迹，是地地道道的印度香料。

使用上常会与绿豆蔻相提并论，虽然香气也有点相似，但苦涩味与凉感却更加明显，使用上还是以印度料理为主。

黑豆蔻烤鱼佐番茄莎莎

自制黑豆蔻香料

黑豆蔻　2克
黑胡椒　5克
陈皮　1克
孜然　2克
山柰　3克
肉桂　2克
匈牙利红椒粉　5克
海盐　8克
昆布粉　3克

一起研磨成小粗粉

烤鱼材料

海鲈鱼菲力清肉　300克
自制黑豆蔻香料　10克

番茄莎莎材料

橄榄油　少许
番茄丁　2颗
洋葱碎　1／4颗
蒜碎　10克
砂糖　10克
黑豆蔻（压碎）　2颗
墨西哥腌渍辣椒末　10克
柠檬汁　30毫升
香菜末　5克
海盐　适量

做法

1 制作番茄莎莎，锅内加入少许橄榄油，放入番茄丁、洋葱碎、蒜碎炒出水，加入黑豆蔻、砂糖一起小火煮5分钟。
2 关火后，加入剩余材料拌和，静置备用。
3 海鲈鱼清肉涂抹上黑豆蔻香料，放置10分钟入味，再用180℃烤15分钟后，取出静置5分钟。
4 盘底放入番茄莎莎，再放上烤鱼，并淋上适量橄榄油即可。

美味小秘诀

黑豆蔻香料粉运用广泛，用来烧烤鸡肉、水果也很适合。

TRUE CARDAMOM

酸

苦

甘

涩

辛

咸

凉

麻

绿豆蔻

颜色有白绿两种

[别名] 小豆蔻、印度豆蔻

[主要产地] 印度、中美洲为主要产地。

[挑选] 味道清香，色泽偏苹果绿，不呈现褐绿色。

[保存] 密封常温保存。

[应用] 最善用绿豆蔻的国家应该就是印度了，从药用、茶饮、咖喱到甜点，皆有多元的用途。

在西式香料中，常常会将番红花、香草荚及绿豆蔻并列为三大名贵香料！

因为产量少，价格也就居高不下，在印度咖喱、欧洲烘焙，甚至中东冲煮咖啡都会使用到，但中式烹饪少用，偶尔在大陆大型干货市场中会见到，在台湾大概就只会在印度香料店才能见到其踪迹。

绿豆蔻又名小豆蔻，有一种与绿豆蔻相似的香料，也称为小豆蔻，但却是白色的小豆蔻，气味相对较淡。一般会误认为白色小豆蔻，是绿色小豆蔻放久之后所形成褪色的效果，但其实是另外一种形态相近的小豆蔻。

而要分辨小豆蔻新鲜程度，可以从小豆蔻里的种子黏性来辨别，黏性大的相对比较新鲜。

绿豆蔻姜黄鸡腿饭

材料

橄榄油　50 毫升
绿豆蔻（碾压）　8颗
鸡腿肉丁　100克
白米（冲水后沥干）　200克
藜麦　10克
开水　250 毫升
姜黄粉　2克
柠檬叶　3片

做法

1. 锅内放入橄榄油，加入绿豆蔻、鸡腿肉丁炒上色。
2. 加入白米与藜麦拌炒，加入开水、姜黄粉、柠檬叶一起煮开。
3. 盖上锅盖，调至小火煮12分钟后关火，继续闷10分钟后开盖即可。

《 美味小秘诀 》

也可以将所有材料一并放入电炖锅的内锅中，外锅加200毫升水，用电炖锅制作，鸡肉香气会比较清淡。

小豆蔻奶茶

材料

牛奶　300毫升
甜红茶　300毫升
冷奶泡　适量

香料

小豆蔻　4颗
绿胡椒　10颗
丁香　2颗
肉桂棒　3克

做法

1 所有香料压碎备用。
2 将牛奶与所有香料煮开，调至小火煮10分钟，过滤出香料牛奶，冷却备用。
3 杯中放入冰块，先加入甜红茶，再倒入香料牛奶，最后上层加入冷奶泡后，撒上一点小豆蔻粉装饰即可。

NUTMEG

酸
苦
甘
涩
辛
咸
凉
麻

肉豆蔻

吃了会很兴奋的香料

［别名］ 豆蔻、肉果

［主要产地］ 东南亚、加勒比海。

［挑选］ 有长、圆两种，打碎后带一股辛凉香气为佳。

［保存］ 阴凉处保存且避免受潮，密封尤佳。

［风味］ 味道浓郁清凉，仅需加一点即有香气并可去腥，常见于印度咖喱、川式卤味、百草粉等复合香料，也是法式传统白酱（Béchamel）的必备材料。能与味道相近的白豆蔻或砂仁互相替代。

肉豆蔻是唯一非姜科家族的成员，而是另一种乔木的果实，可说是中西方通用的一种香料，在西式的烘焙甜点与烹调中，肉豆蔻大多会与奶类制品一起搭配，东方最传统的五香粉，也能见到其身影。

具有多种香气，苦涩、凉味皆明显，闻起来又带有一股香甜的气味。关于肉豆蔻有众多说法，能带来愉悦的作用，更有使用过量会有迷幻效果一说，而且兰屿的肉豆蔻更是直接标示有毒，所以不能使用。

诸多的传说，大概是因为肉豆蔻有一个重要成分——肉豆蔻醚，在一般正常使用量下，会有令人愉悦的效果，若是大量使用，就会导致迷幻的现象产生，而所谓的兰屿肉豆蔻有毒，应该就是肉豆蔻醚成分所引起的误解。

肉豆蔻在成熟时，果实蹦开后，里面所包覆的一层网状的红色假皮，也称为豆蔻，若此时将红色假皮称为豆蔻，便会将这肉豆蔻称为豆蔻仁了。

◆ 豆蔻薯泥

材料

马铃薯　1颗
热牛奶　100 毫升

调味料

肉豆蔻　6克
盐　3克
胡椒粉　少许
奶油　20克

做法

1 马铃薯整颗洗净，用水煮至熟透，取出剥皮过筛制成泥状。
2 肉豆蔻磨成粉。
3 热牛奶加入薯泥，搅拌至无颗粒，加入肉豆蔻粉、盐、胡椒粉煮至浓稠。
4 关火，加入奶油拌匀即可。

麻

香果

肉豆蔻、香果傻傻分不清

［别名］玉果

［主要产地］ 东南亚、加勒比海。

［挑选］ 有长、圆两种，打碎后带一股辛凉香气者为佳，且外壳内部无霉斑。

［保存］ 阴凉处保存且避免受潮，密封尤佳。

［应用］ 使用时将香果连壳打破，一起使用；但若只取出里面即是肉豆蔻，用法与肉豆蔻相同。此外，长香果与圆香果只是品种差异而已，在使用上是一样的。

在中式香料使用上，香果与肉豆蔻，常常被当成两种香料来看待，在大陆的香料批发市场上，也常见到两种香料一起陈列销售；因为如此，大多数人都误以为这两种香料是不同植物的果实种子，而非同一种。

肉豆蔻与香果是两种不同的香料吗？

这问题一直困扰着不少人，因为外观形体真的差异很大，但严格说起来，这两种是同一种香料！因为将香果的坚硬外壳打破，里面就是我们常见到且熟悉的肉豆蔻了。所以，这到底是一种香料，还是两种香料，一直以来都有争议。

但就我而言，一直都将它们当成是一种香料看待，因为在中式香料使用上，并无多大的差异性，且使用上又跟草果很相似，要有香气就需打破使用，不然无法呈现香气，所以说带壳的香果，一旦打破使用，与肉豆蔻又有什么不同？

将香果的坚硬外壳打破，里面就是人们熟悉的肉豆蔻了。

◆ 香果芋泥肉松球

材料

A 芋头 1颗（约500克）
澄粉 适量

B 蛋奶沙拉酱 50克
肉松 50克

调味料

赤砂糖 80克
猪油 50克
海盐 适量
白胡椒 适量
香果粉 30克
•（将香果去除外壳，取果实磨成粉状即为香果粉）

做法

1 材料B混合成馅料备用。

2 将芋头切片后完全蒸熟，趁热过筛，与所有调味料拌和，充分搓揉均匀，如果太湿润，可以适量添加澄粉来调整黏性。

3 将芋泥分成每个30克的小团，包入适量肉松馅，放入150℃油锅炸至金黄酥脆后取出，稍微放置冷却后再食用。

1-5 肉桂家族

包含中国、越南、斯里兰卡产的，都称之为肉桂或桂皮，但斯里兰卡肉桂，通常不出现在中式香料中，因为味道较淡，香气也不够浓郁，比较偏向被当作印度香料或西式香料看待；除此之外，肉桂在中式香料的领域中，有着更多元与宽广的应用。

肉桂大概是所有香料中，全身上下最物尽其用的一棵植物树种了，可以区分为七个部位：从埋在泥土里的树根，到树顶末梢的叶子，通通被利用到，就连扒光树皮后的树心，也可以当成药材来使用。

肉桂的七个部分分别是桂根，树干的皮为桂皮，树枝为桂枝，叶柄为桂智，树叶为桂叶，开花所结的果实为桂子，树干内部称为桂心。肉桂的香气取决于肉桂醇的含量，含量越高、香气与辣度越高，味道由重到轻分别为：桂皮、桂子、桂智、桂枝、桂叶。

同一株植物中能产出多种不同香料的植物，在樟科植物或是其他植物中，都很难再找到这么多样化的香料植物了。

香叶
肉桂
肉桂叶
阴香叶
桂枝
桂智
桂子

酸 苦 甘 涩 辛 咸 凉 麻

肉桂

越南北部产的清化桂最负盛名

[别名] 玉桂、桂皮

[主要产地] 越南、中国广西。

[挑选] 肉桂有黄油与黑油之分，黄油甜味大于辣味，黑油辣味及甜味均明显；挑选时宜选油脂量多，且辣味或甜味明显，味道浓郁且持久的。若是肉桂粉，应选择颜色较深，含油量较高者为佳。

[保存] 肉桂及其相关香料，例如，桂子、桂枝、桂心……皆以常温保存即可；若是肉桂粉则建议用密封瓶保存。

肉桂是可乐的重要成分之一，不仅如此，在古代药用上，也是一种强心药物，借由药物性热的原理，加速血液循环，从而达到强心的作用。

大家常爱讲中国肉桂，其实在台湾使用的却是以越南产的居多，肉桂树经环状剥皮后晒干，就是肉桂了。但从药铺体系来看肉桂，更会以下列因素来区分不同的肉桂。

依产地：中国、越南、斯里兰卡肉桂

依形态：官桂、板桂、筒桂

依等级：清化桂、老油桂、油桂、桂札、桂角

依油脂：黄油、黑油

但总体来说，基本上肉桂醛的含量越高，肉桂甜与辣的气味会越明显，等级也就越高；以越南北部清化产的肉桂醛含量最高，等级也最高。

肉桂在中西方的甜品、烘焙、饮品、烹饪中通通见得到，就连家中要卤肉，都会放进一小块增香提味，足见其使用之广。

台式五香粉

香料

肉桂　60克

红花椒　40克

八角　40克

小茴香　50克

高良姜　20克

芫荽子　20克

丁香　14克

越南清化省是极佳的肉桂产地，出产的清化桂享有盛名，又称为官桂（如图示）或筒桂，长约一个手臂，侧边呈现“官”字形状或筒状，品质极优。

做法

将所有香料用研磨机慢速研磨成粉即可。

桂枝

常与肉桂搭配使用

［别名］柳桂

[主要产地] 越南、中国广西。

[挑选] 香气足、味甜、无霉味。

[保存] 肉桂及其相关香料，例如，桂子、桂枝、桂心……皆以常温保存即可；若是研磨成粉则建议用密封瓶保存。

[风味] 樟科植物肉桂的树枝。若不想肉桂味太浓，可以桂枝来代替，常用于综合卤包，尤其是用来卤牛肉特别香。

桂枝在药铺的重要性与常见性，与肉桂似乎有点不同，肉桂在现今多用来入香料或药膳滋补，而桂枝除作为香料使用外，更常出现在一般感冒解表发汗药剂中，桂枝在感冒药中出现的比例与重要性，就等同于祖母在小孙子淋雨后，所煮的那碗老姜汤一般常见。

桂枝轻浮的香气，香辣甜味均不及肉桂深沉，除非是不喜欢肉桂过于浓郁的味道，要不然在香料的使用上，还是会以肉桂为主，桂枝为辅，但更常见的情况是，与肉桂搭配使用。

尽管桂枝和肉桂的香气及味道相近，不过桂枝仍无法完全替代肉桂，在大部分烹饪及一些香料配方中，还是非得用到香气浓郁的肉桂不可。

花雕醉虾

材料

白虾　0.5千克

花雕酒　200 毫升

盐　适量

水　800 毫升

香料

桂枝　5克

枸杞　5克

红枣　3粒

川芎　3克

当归　1小片

做法

1 白虾洗净，剪掉触须。

2 起一锅水将白虾烫至八分熟，捞起冰镇放凉。

3 另起一锅水800 毫升，放入香料煮开后继续煮5分钟，熄火放凉。

4 将200 毫升的花雕酒加入冷却后的香料水中，加适量盐调味。

5 将冰镇后的白虾放入调味后的酱汁。

6 盖上保鲜膜，放入冰箱冷藏一天即可。

◆ 桂香茶叶蛋

材料

鸡蛋　10颗
酱油　70 毫升
盐　适量
冰糖　适量
水　1.2升

香料

桂枝　6克
红茶叶　10克
甘草　3克
八角　2粒
小茴香　5克
草果　1粒
丁香　1克
花椒　2克

一般在咖啡店闻到肉桂香，都会想到卡布奇诺，而这种肉桂指的是锡兰肉桂，细长的肉桂卷棒（cinnamon)与东方肉桂不相同。

做法

1 将所有香料及茶叶装入棉布袋中。
2 起一锅水，冷水时即放入鸡蛋，煮熟。
3 捞起鸡蛋，用汤匙将鸡蛋外壳均匀敲裂。
4 另起一锅水，放入香料包、酱油、适量盐、冰糖及鸡蛋，盖上锅盖。
5 开火煮开后，调至小火继续煮20分钟后熄火。
6 移至电炖锅，切换至保温状态，放置约2～3天更入味。

《 美味小秘诀 》

- 冷水煮鸡蛋，这样不会因为温度落差过大，造成鸡蛋破裂。
- 在煮鸡蛋的同时进行搅拌可以让蛋黄维持在鸡蛋中心。
- 鸡蛋外壳均匀敲裂，可更容易入味。
- 若无电炖锅，也可采用反复加热方式，让鸡蛋入味。
- 闷泡越久，茶叶蛋越入味。
- 若要让茶叶蛋更上色，又不会因此增加咸度，可以适量加入熟地黄来达到上色效果。

酸 苦 甘 涩 辛 咸 凉 麻

桂智

常与肉桂搭配，带出上下层次感

［别名］桂丁、桂丁香

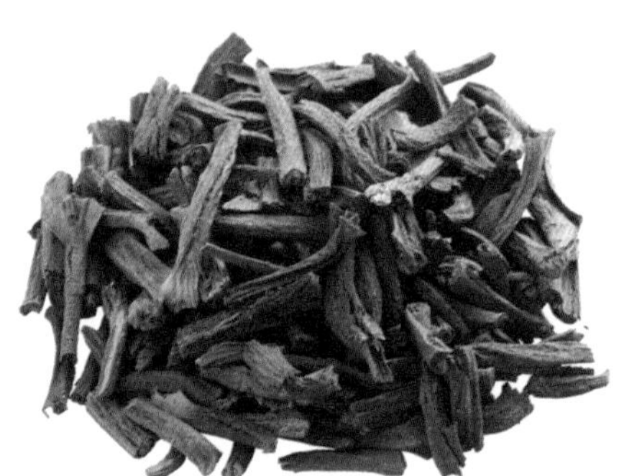

［主要产地］越南、中国广西。

［挑选］香气足、味甜、无霉味。

［保存］肉桂及其相关香料，例如，桂子、桂枝、桂心……皆以常温保存即可；若是研磨成粉则建议用密封瓶保存。

相较于肉桂与桂枝这两种大量被运用的香料，桂智显得孤独多了，一般常见的用法，大多是营造肉桂体系香气的层次感，因为在常见的卤水中，香料种类的搭配，讲究的是香气层次，大致可分为主要香料、次要香料以及辅助香料，也有人用中医的君、臣、佐、使，来代表不同香料的重要性，但这些不同搭配原则，最终都是在凸显香料搭配后所呈现香气的层次感。

而桂智这类香料，通常无法成为主要香料，而是以次要或辅助的角色居多，因为气味较淡，也较轻浮，常与肉桂搭配，形成上层与下层的层次感，有互补作用。

桂智味噌清炖牛肉

材料

牛肋条　500克
白味噌　50克
包心白菜　半颗
老姜片　3片
盐　适量
水　1600 毫升

香料

桂智　3克
白胡椒粒　5克
月桂叶　3片

美味小秘诀

- 白味噌先用冷开水调开，入锅容易释放出味道。
- 白胡椒粒拍破炖煮，取其香不取其辣。

做法

1. 白味噌先用少许冷开水调开。
2. 牛肋条洗净汆烫，切成一口大小备用。
3. 包心白菜洗净后切大块备用。
4. 白胡椒粒先用刀背拍破，所有香料装入棉布袋中。
5. 起一锅放入牛肋条、香料包、白味噌及老姜，开火煮开后，调至小火先煮35分钟。
6. 再加入包心白菜继续炖煮15分钟后熄火，加入适量盐调味即可。

桂智布丁

材料

- 牛奶　240 毫升
- 桂智　12颗（压碎）
- 砂糖　40克
- 全蛋　2颗
- 蛋黄　3颗
- 鲜奶油　180 毫升

肉桂焦糖

- 砂糖　80克
- 开水　150 毫升
- 肉桂粉　少许
- 柠檬汁　少许

做法

1 将40克砂糖放入干锅加热融化，直至出现淡黄色后关火，加入肉桂粉、开水与柠檬汁搅拌至成为焦糖液。

2 取出焦糖液倒入铁制布丁模具中。

3 利用同一个锅子加热牛奶，加入桂智、砂糖（80克），用小火熬煮10分钟后关火。

4 取一不锈钢盆放入所有鸡蛋，再将步骤3的牛奶一边倒入一边打散，继续加入鲜奶油拌和后过筛入量杯。

5 取煮好的桂智牛奶倒入步骤2的布丁模具中。

6 将布丁放置深铁盘内，外围加热水，放入140℃烤箱中烤50分钟后取出冷却。

7 待布丁完全冷却后，用小刀刮切布丁边缘，再倒出布丁即可。

酸
苦
甘
涩
辛
咸
凉
麻

桂子

味道沉稳，属于下层香气

［别名］肉桂子、玉桂子

［主要产地］越南、中国广西。

［挑选］香气足、味甜、无霉味。

［保存］肉桂及其相关香料，例如，桂子、桂枝、桂心……皆以常温保存即可；若是研磨成粉则建议用密封瓶保存。

［应用］常与肉桂或桂枝一起搭配，补足不同层次的香气。

桂子香气不强烈，但味道沉稳，辛辣甜香中，略带一点苦与涩。

与桂智一样，很少单独使用，不同于桂智的清爽，桂子的味道沉稳，属于下层的香气，尤其略带一点肉桂家族所没有的淡淡苦涩味，让一些复合香料中，需要多层次的表现时，有了另外的选择。

虽然较少看到单独使用或成为主角，但在知名的复合香料，如百草粉或川式卤水料包，这类香气深沉却复杂的香料中却不少见，多半是以次要或辅助香料的角色出现。

小时候最解馋的零食

[别名] 桂树根

桂根

[主要产地] 越南、中国广西。

[挑选] 甜味足，以无砂粒、灰尘为佳。

[保存] 肉桂及其相关香料皆以常温保存；若研磨成粉则以密封瓶保存。

酸 苦 甘 涩 辛 咸 凉 麻

对于肉桂，说起来还真是好笑，我印象最深刻的，不是桂皮也不是桂枝，竟然是桂树根，你知道吗？对以前的小朋友而言，桂树根是相当重要的。但奇怪的是，这肉桂根是肉桂的一环，却在自家药铺找不到，还得花钱上杂货铺去买，也只有小时候的杂货铺才有肉桂根，在物质生活不富裕的年代，偶有些许零花钱肯定要贡献给最喜欢的杂货铺。

小时候，肉桂根不当香料使用，也没人将其当香料看待，只会出现在杂货铺充当零食，不单单是这肉桂根，也还有肉桂纸，放进嘴里咀嚼，香香甜甜又辣辣的感觉，就像是在嚼口香糖。

酸 苦 甘 涩 辛 咸 凉 麻

肉桂叶

较肉桂更清香，甜味大于辣味

［别名］玉桂叶、桂叶

［主要产地］越南；中国台湾和广西。

［挑选］叶片完整，颜色偏绿不带褐色，味道清香，且肉桂甜味明显。

［保存］不管是外地的香叶还是本地产的肉桂叶，均以常温保存即可，但香气会随着时间的延长而流失；若是肉桂叶粉则建议用密封瓶保存。

［风味］台湾土肉桂的肉桂醇含量高，且甜味明显，比外地肉桂叶更适合使用在烹饪上。

说到桂叶，多数人联想到的，应该是与肉桂叶同为樟科的月桂叶，而不是肉桂叶，然而两者香气截然不同。桂叶带有与肉桂一样的甜辣感，但更加清香，甜味也大于辣味。

在使用上，除了一般常见卤水香料外，也会用它来替代月桂叶，除了香气外，更多了一份甜香味道，研磨成粉末加入烘焙甜点，也是不错的选择。市面上较少出现肉桂叶，反而在食品加工业使用较多，或是直接萃取成精油，用于化妆品、酿酒……当然也可入药。

市面上能买到的进口肉桂叶，大部分是产自中国大陆、越南或斯里兰卡，比较特殊之处，这三个地方的肉桂叶，虽然也带有肉桂应有的香辣及甜味，但这些地区的肉桂树内，“肉桂醛”的分布比较集中于树皮，相对的，叶子里的“肉桂醛”分布较少，所以虽有香、辣、甜的口感，不过也淡了许多，也比较不刺激。

至于苦味的问题，月桂叶用于料理时不宜多用、久用，否则会有苦味产生，而肉桂叶这类问题较少。

肉桂醛

肉桂的香、辣、甜口感，取决于肉桂醛的含量，含量越高，则香辣感越高，一般肉桂树全株植物都含有肉桂醛，只是分布不一。常见的肉桂树种，肉桂醛的含量以树皮最高，其次为树枝、树叶及树根等，但并不是所有肉桂树中的肉桂醛都是依此分布的，也有一些特有种肉桂醛的含量是叶子的部分最高，或是树根的含量最高，依品种不同而不同。

◆ 肉桂暖身茶

材料

土肉桂叶　20克
无纺布茶叶袋　10只

做法

1 将土肉桂叶用调理机打碎，平均分装在无纺布茶叶袋中。
2 放入密封罐或密封袋保存。
3 饮用时，将一包茶叶袋冲泡500 毫升热开水即可。可反复冲泡数次。

台湾土肉桂叶

台湾特种的土肉桂，不同于越南及大陆的肉桂树，需用树皮才可做成肉桂粉，台湾的土肉桂叶，只要叶子就可做成肉桂粉了。

一般食用的肉桂都取自桂树的树皮，但因市场需求量大，每当桂树一层层剥下皮后，就得一批批地砍伐，然后再重新大量栽种，反观台湾特有的肉桂树，叶子就可直接萃取“肉桂醛”，作为香料使用，这对环境而言相对冲击较小，也较环保，而肉桂是可乐的重要香料之一，台湾土肉桂叶的肉桂醛含量最高，是值得推广的经济作物。

PLUS!

香叶家族

一般而言，有香气的叶子且用在烹饪上的都可称为香叶。香叶的品种众多，但因区域的关系，不管中式或西式烹饪，在台湾，我们大致用这三种，分别是月桂叶、肉桂叶、阴香叶，都可称为香叶，也同属樟科植物。

若再细分，则会发现植物的品种并不相同，香气也不一样。这三种叶子看似相似，但从叶脉、香气就可分辨出来。

酸

苦

甘

涩

辛

咸

凉

麻

香叶

是月桂叶而不是肉桂叶

［别名］ 月桂叶、桂叶、香桂叶

［主要产地］ 地中海地区、中国南方。

［挑选］ 叶片完整，颜色偏绿不带褐色，味道清香。

［应用］ 炖肉、海鲜、煮汤、甜点……整叶入菜或磨成粉都有。

［保存］ 不管是外地的香叶还是本地产的肉桂叶，均以常温保存即可，但香气会随着时间的延长而流失；若是肉桂叶粉则建议用密封瓶保存。

［风味］ 香味柔和，清新芳香，整叶入菜或磨粉使用皆可，常用于咖喱、意大利肉酱面、卤肉等，但用量不宜多。

香叶，就是我们常说的月桂叶，月桂叶本身就包含多个品种，不过在台湾，一般常见的月桂叶为樟科月桂属。

在古代，月桂叶除了用于烹饪，在希腊和罗马文化中有着重要的象征意义。古希腊或古罗马神话中，常见用月桂叶做装饰，以及将月桂叶作为荣誉的象征，并编成桂冠来献给太阳神阿波罗及胜利的运动员，也就是后来奥林匹克运动会的前身。

月桂叶在欧洲，特别是地中海烹饪中，扮演着重要的角色，是一种极为常用的香料，在美洲或是亚洲其他各国，烹饪上也常重用月桂叶，炖肉、海鲜、煮汤、甜点……皆可，整叶入菜或磨成粉都有。

月桂叶闻起来有一股清新芳香的气味，香味柔和，带着樟科植物特有的香味，但略有一股苦味，所以在炖煮时，用量不宜过多，也不宜烹煮太久。干燥的月桂叶应呈亮绿色，此时香气最佳，放久了则呈褐色，香气也会大打折扣。

三者皆是烹饪上常用的香叶，其中除了香气、味道的差别，外观也稍有不同；月桂叶为单出脉，肉桂叶及阴香叶都是三出脉。

香叶豆干炒蛋

材料

豆腐干　3片	蒜末　少许
蛋　2颗	花椒粒　3克
生辣椒　2个	油　适量
葱花　1把	盐　少许
香叶　5片	酱油　1小匙

做法

1 在蛋液中蛋加盐加葱花，先行打散，生辣椒切片，豆腐干切片。

2 起一油锅，先爆香蒜末、生辣椒、香叶、花椒。

3 下豆腐干片用小火煸香，煸至豆腐干片呈现金黄微焦后，炝少许酱油，提香及赋予咸味，起锅。

4 重新起一油锅，下蛋液炒熟后，再下炒好的豆腐干片，混合微炒即可起锅。

INDONESIAN CINNAMON

阴香叶

常见的行道树

[别名] 假肉桂、山肉桂、广东肉桂

[主要产地] 中国南方、东南亚地区。

[挑选] 叶片无肉桂甜辣味，有一股草腥味。

[保存] 常温阴凉处保存即可。

[应用] 阴香叶虽然与其他两种香叶同为一家族，但很少被选用，只有在无法取得月桂叶或肉桂叶时，才会替补上场。使用量则与月桂叶一样，建议少量使用，否则会产生苦味。

阴香叶又称假肉桂、山肉桂、阴草、野桂……阴香树属樟科，当然也就带着樟科植物特有的香气，但却是辛凉味加上一股青草味。

阴香叶主要分布在中国广东、广西及沿海省份，算是一种经济作物，常被用作行道树，不过叶子也被误作香叶使用，虽有樟科植物特有的香味，相较肉桂叶而言还是逊色不少。

外观和肉桂叶极为相似，都是三出脉，也可将其归类为肉桂家族。而另外一种分辨真假肉桂叶的方式，则是从叶背来分辨；肉桂叶的背面浅白，有纸张质感，而阴香叶则呈现如皮革的光滑状。

肉桂叶的背面浅白，有纸张质感；阴香叶背面则呈现如皮革的光滑状。

1-6

姜科植物果实家族（除豆蔻类外）

姜科植物一门，种类众多，所分属的香料名称也不尽相同，整整一大串，理论上都可以使用，只是有些我们不曾使用，或有些是地区性的用法，而我们却不清楚。

除一部分属于豆蔻家族外，另一些为草果系列，再就是地下根，也就是我们所熟悉的生姜、老姜、姜黄、山柰……这类香料。

仔细算一算，有二三十种香料，从果实到地下根，再到茎、叶、花，皆有利用价值，浑身都是宝，可以说是目前被最广泛使用的一门香料植物。

砂仁
香砂仁
益智仁
草果

酸 苦 甘 涩 辛 咸 凉 麻

草果

草果鸡汤的重要灵魂

[别名] 草果仁、草果子

[主要产地] 中国云南、缅甸。

[挑选] 购买时，尽量以颗粒完整、饱满为宜，使用时再捶破即可，以免香气提早挥发。

[保存] 常温阴凉处保存即可，但要避免受潮。

[风味] 浓郁香气带点辛辣感，不宜以完整颗粒入菜，拍碎后香气更容易释出，煮火锅时，加几颗会让汤头很有层次。也可取少许拍碎后与羊肉、牛肉一起炖煮，不像八角那般张扬，味道隐而不显，可去肉类腥味。

这是号称云南地区第一的重要香料！不是草豆蔻的草果，很多医药典籍都记载草果就是草豆蔻，确实也是如此，在以前典籍记载的草果，是目前我们也当香料使用的草豆蔻，又称草果，但并非是香料界中的草果，有时在查询相关书籍资料时，还真会让人看得一头雾水。

过去的中医典籍，包括《本草纲目》或是清朝的《本草备要》中，所记载的草果一类两种，就依当时所绘图片开花结果的部位来看，均是指目前的草豆蔻。

不过这两种香料，在香气上还是有很大差异的！目前为避免使用上的混淆，不管是在中药使用上或是作为香料，均已区分开来，以方便辨识。

草果在香料的应用上，可比草豆蔻广多了，也更为常见，除了一般卤味香料常用外，其他如百草粉、咖喱粉、十三香、麻辣锅、蒙古火锅等复合香料，在这些配方中也是不可或缺的。

另外，草果的浓郁香气对肉类有不错的去腥作用，所以在传统的中式烹饪上，特别是在炖煮牛、羊肉时，常见到辛香料中搭配草果，来增加去腥作用。虽然草果大部分是用来去腥，不过也有特意要取其浓郁香气而成的烹饪，云南的草果鸡汤，就是一道代表菜肴。

草果也是罂粟花消失后的产物之一！由于早期广植罂粟的金三角地带，近年来在各国政府的大力治理下，原本大片种植罂粟的地方，纷纷转种其他经济农作物，草果便是其中之一，也因为金三角邻近云南，所以收成后的草果再经口岸出口至云南，金三角便成为草果的新兴产地之一。

草果鸡汤

材料

仿土鸡　半只
草果[①]　6粒
金华火腿　100克
老姜　100克
色拉油　少许
水　2升
盐　适量
酱油　1大匙
葱花　少许

做法

1 鸡肉剁块焯水备用，草果拍破，姜拍破，金华火腿切片。
2 起油锅，先爆香姜块和草果。
3 下鸡肉炒至变色后，加入2升水。
4 再放入火腿片，炖煮30分钟后加入酱油、盐调味，撒上葱花，即可上桌。

草果捶破后让味道释出再使用。

① 草果：燥湿温中，祛痰截疟。阴虚血少者禁服。

益智仁

在姜科果实香料中很难当主角

[别名] 益智子

[主要产地] 广东、海南。

[挑选] 果粒均匀饱满无破损，辛辣凉感充足。

[保存] 一般以常温保存，并无特别需注意之处，只需避免受潮即可。

[应用] 最常用于卤水配方，常与砂仁或豆蔻类香料混搭；或与具有收涩效果的药材一起炖煮汤品。

能聪明益智，大家从字面上来看，肯定第一会联想到就是这“益智仁”！虽同为姜科家族的一员，但比起草果、砂仁这类常见香料，益智仁可就逊色多了，人家对它的认知，多半还停留在聪明益智、治疗与小便相关的疾病。

在香料的运用上就较少有人着墨了，因为是具有芳香类的姜科种子，常会与砂仁或豆蔻类混搭使用，最常见的还是运用在卤水相关的烹饪上。

虽然在台湾，益智仁的使用多半仅限于卤水上，然而在大陆一些食谱上，会将益智仁用来炖煮汤品，与芡实、莲子、山药……这类具有收涩效果的材料一同烹饪，或是将益智仁研磨成粉状，在熬煮粥品时加入，作为食疗的一种方式，来治疗小朋友夜尿频多。

益智仁牛肉汤

材料

牛肋条　500克
水　1.5升
老姜　5片
盐　适量
胡椒粉　少许

香料

益智仁　10克
芡实　20克
莲子　20克
红枣　3粒

做法

1 将益智仁、芡实、莲子及红枣放进棉布袋中。
2 牛肋条洗净切块，焯水备用。
3 起一锅水，放进牛肉、香料包及姜片。
4 开大火煮开后，调至小火继续煮40分钟。
5 加入适量盐调味，最后再撒上胡椒粉。

酸
苦
甘
涩
辛
咸
凉
麻

砂仁

常在药材的九蒸九晒中配合演出

【别名】阳春砂仁、缩砂密、春砂仁

[主要产地] 广东、广西、福建、云南。

[挑选] 粉碎后清凉味明显，且无其他杂味或陈味。

[保存] 无论是外地砂仁或是本地砂仁，皆以颗粒状常温保存，使用时再捶碎；在不受潮的情形下，可存放1～2年。

[风味] 对于消化系统与肠胃很好，若煮刺激性的锅品或菜肴可放少许。闻起来有种乌梅味，味道辛凉带点微苦，有去除异味的效果。

砂仁，是豆蔻家族的“表兄弟”，豆蔻家族由于成员众多，连名字都不够用了，所以只好换个名字继续出现在香料市场上。

砂仁对于消化道系统有不错的辅助效果，撇开药用功效不说，倒常见用于食疗的汤品，一般较具刺激性的锅品或是菜肴的香料配方中，都有它的踪迹，可算是复合香料的基础，就连我们常用的卤味香料有时也会用到，是一种很常见且重要的香料药材。

中国人爱吃，也会吃，更会找东西吃！砂仁在中国的使用历史已超过1300多年，在以前通常是入药使用，后来人们发现它的好处后，慢慢地将它融入药膳食补，来调整胃肠相关的问题及作为保健之用，而在一些嗜吃辣的地区，烹饪所用的香料中更是不可或缺。

砂仁还有另一个我们不曾想到的作用。某些中药材需要经过多重繁复的炮制工序，其中九蒸九晒大概就是常听到的一种繁复工序，而用砂仁炮制的砂仁酒，常会被运用在熟地黄九蒸九晒的工序之中。

砂仁酒怎么做

将50克砂仁捶破，取出砂仁子，放进一瓶米酒中，浸泡30天后即可使用。

酸
苦
甘
涩
辛
咸
凉
麻

香砂仁

越新鲜越清香

[别名] 本砂仁、本豆蔻

[主要产地] 中国南方、东南亚地区。

[挑选] 外壳呈红褐色，打开后清香味足且无其他杂味。

[保存] 颗粒完整状常温保存即可，使用时再捶碎使用，避免保存时，香气快速流失；常温保存在不受潮的情形下，可存放1～2年。

[应用] 台湾本地产的香砂仁，香气更胜，可以与砂仁替代使用。

这是一种大家曾经记忆深刻，却又逐渐被遗忘的香料！还记得仁丹吗？一种可以让口气清新的小小银色丸子，当年伴随着我们成长，只是现在的选择太多，所以也就被慢慢遗忘了。香砂仁，可是当时制作仁丹重要的原料之一。

月桃（艳山姜），曾经在台湾满山遍野地蔓生，只是利用率一直不高，但在客家人的眼中，它可是经济价值颇高的一种植物，大概可与野姜花并驾齐驱。在台湾南部的客家庄，习惯用月桃叶来包粽子，用水煮过之后，粽子的内馅会吸附月桃叶的香气，这种特殊的香气可是竹叶粽子所没有的。

把月桃的种子当成香料来看待，在大陆很常见，但在台湾香料的使用上，一直以来比例都不高，除了早年的仁丹。不过近年来，月桃经过一些推广，开始勾起大家的记忆，加上两岸对于香料的融合程度越来越高，这个在大陆称为香砂仁的月桃果实，也慢慢被当成香料看待了。

不过到底是进口的香砂仁香，还是我们在台湾野外采收晒干的本地砂仁（也就是月桃子）香，我个人认为，本地现采干燥后的本地砂仁更香，香气比起进口砂仁要来得清香，外观也比较讨喜。

因为进口的香砂仁，多半已经去壳只剩砂仁子，在长时间运输及保存之后，其香气自然与带壳的香气差异颇大，而本地现采干燥后的香砂仁，由于保留外壳，在使用时才作后续处理，所以在香气的保存上，自然能保留住大部分的清香气味。

姜类一族，让人最常联想到家里炒锅爆香的姜末，麻油鸡那煸得微微焦香的姜片，清粥小菜中常出现的泡嫩姜，总之，不单单只是嫩姜、生姜、老姜而已。

姜科植物一门，种类繁多，不管是地下茎，或是果实，算一算少说有二三十种之多，可说是香料界中，种类最多的家族。

但你知道吗？老姜温水煮过，破坏了生姜蛋白酶后，可在炖肉时，让肉质不柴；若要制成老姜粉或其他粉状制品，姜科植物需要先煮过，让淀粉熟化后再研磨，就能避免引起肠胃不适。

郁金
干姜
姜黄
山柰
莪术
高良姜

高良姜

干燥的小南姜

［别名］小良姜、高凉姜、良姜、蛮姜

［主要产地］ 中国广东、广西、海南、台湾和云南。

［挑选］ 外观呈红色，有明显香辣香气为佳。

［保存］ 高良姜，在市场中新鲜的大部分都称之为南姜，在不水洗的情况下，可保存数周；若是干燥的高良姜，可保存1～2年，常温即可；高良姜粉末则建议密封保存为宜。

［风味］ 带有姜科植物的辛辣感，同时有肉桂的甜味，较一般干姜香气浓郁，是五香粉的基本成员，也是蒙古火锅里的重要配料。

高良姜有大小良姜之分，我们常见东南亚料理中使用的南姜，就是大良姜，而药铺所使用，片片带着红色的高良姜，是小良姜品种。

高良姜在早年大家并不熟悉，不过近几年的知名度似乎越来越高，这个红色的姜，目前最常出现在蒙古火锅的配锅香料中，若是大家到近年来很流行的蒙古火锅店用餐，常会看到一整锅密密麻麻的配锅香料，如辣椒、草果、豆蔻、香叶等，还有一种看起来像姜又不太像姜的东西，这就是高良姜啦！

高良姜和其他姜科植物，如生姜或干姜相比，除了姜科既有的辛辣味外，高良姜的香气更加浓厚，又带有一股像肉桂的甜味。另外干燥高良姜最大的特点，即外观呈红色。

高良姜也是五香粉的一个基本成员，早期的五香粉大都是用干姜为组成成分之一，不过高良姜除了有干姜的特点外，又带着较浓郁的香气及一丝肉桂的甜味，所以目前市售五香粉的品牌中，有不少是以高良姜来替代干姜的。

这个看似不起眼的香料，其实在药用方面也大有来头。我们熟悉的万金油、祛风油中都有高良姜的踪迹，因高良姜的成分中有一种高良姜素，是这些药油的重要成分之一。

除了东南亚常见的这类祛风油，或是满足口腹之欲的各种香料层面使用外，由于高良姜有着浓郁的气味，在夏季年年流行的驱蚊或驱虫香料包中，常常也会与其他香料一同登场。

酸
苦
甘
涩
辛
咸
凉
麻

山柰

私房姜母鸭的秘密武器

［别名］ 沙姜

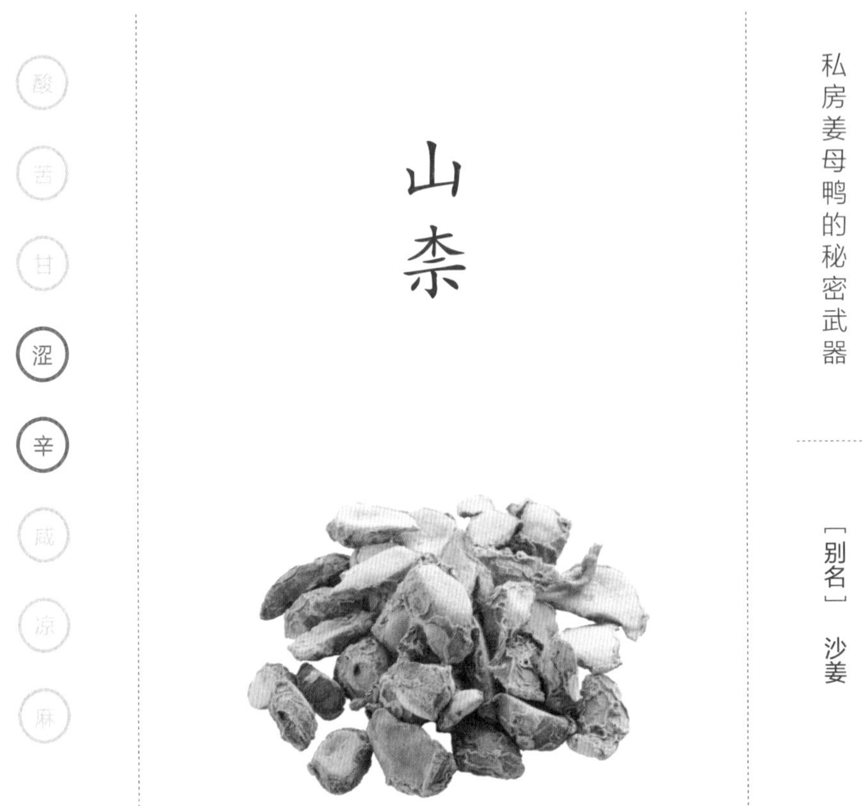

［主要产地］ 中国台湾、广东、广西、云南等地，东南亚地区。

［挑选］ 挑选外皮呈现红色，且有明显的粉质香味，无辛辣感。选购时，以皮红里白的为佳，香气也较好。

［保存］ 常温保存即可；若是山柰粉则尽量以密封瓶保存。

［风味］ 有姜的香气，却没有姜的辛辣，常磨碎用于香料粉或卤包中，腌制红肉或家禽类时加一点，能赋予微微甜辛感并去腥增香。

大家耳熟能详的沙姜，换到药铺的说法，就是山柰了。

虽然是姜科家族的一员，但山柰的香气味道却有别于一般姜类，带有一股微甜微香及一股温和的辣，却没有生姜或干姜的刺激辛辣味。广东名菜盐焗鸡，山柰是其中不可或缺的香料，搭配着姜黄，即为广式盐焗鸡的配方中两种必备香料。

然而在药铺的看法中，山柰另有用途，由于山柰带有一股甘甜清香的气味，对于红肉类及家禽类的腌渍或烹饪，特别有着去腥提香的作用，在烹饪的适用性上逐渐跃居明显地位。所以在老药铺的传家姜母鸭香料配方中，山柰的重要性则等同广式盐焗鸡所使用的山柰一样重要。

山柰虽然为药用及食用皆可的香料，目前大部分还是运用在香料层面居多，反而药用比较少。不管是卤水香料，还是各种复合香料，都能轻易地见到踪迹，不过目前在台湾一般家庭的烹饪习惯上，山柰不常单独出现在厨房，大家也相对陌生一些，山柰的使用仍以腌渍类的香料粉或卤料包及食品加工业居多。

市面上出现的山柰，大致可分成三种，分别是潮山柰、梅山柰及纹山柰，其中又以红皮里白的潮山柰香气最佳。

山柰粉怎么用?

一般常见的山柰用法，多以片状使用，若手边有山柰粉，除了常用来腌制食材外，当炒煮鸡、鸭肉时，在爆香姜、蒜后的阶段，加入与肉一起拌炒，能增加香气，也可达到去腥提香的效果。

山柰盐焗鸡腿

材料

鸡腿　2个
色拉油　适量
烘焙纸　2张
小砂锅　1个

香料

山柰粉　3克
岩盐　15克
花椒粒　3克
八角　5克
粗盐　2千克

做法

1 将鸡腿洗净擦干水。
2 岩盐与山柰粉混合，均匀涂抹在鸡腿表面，冷藏3小时入味备用。
3 起一干锅，放入粗盐、花椒粒及八角，开中火炒至粗盐变色，同时产生爆裂声。
4 将冷藏入味的鸡腿，表面先刷上一层色拉油，并用烘焙纸包裹两层。
5 起一砂锅，先在底部铺上一层炒好的粗盐，放上包裹好的鸡腿。
6 再将剩余的粗盐铺在鸡腿上，盖上砂锅盖。
7 开中火3分钟后调至小火，50分钟后熄火，再闷1小时即可。

《 美味小秘诀 》

- 炒粗盐时放进些许花椒粒及八角，可增加香气。
- 粗盐要完全覆盖鸡腿。

干姜

冬季暖身泡脚好伙伴

［别名］白姜、均姜、干生姜

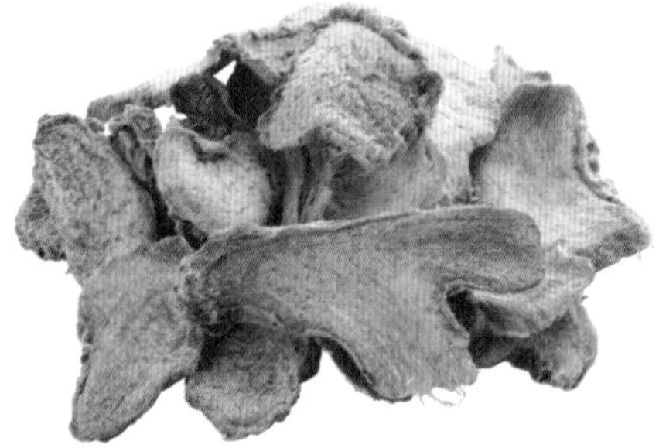

[主要产地] 东南亚、中国华南地区。

[挑选] 姜味香气明显，色泽呈浅黄色。

[保存] 以常温保存，避免受潮即可。

[应用] 干姜粉适合做茶饮、炖品，烹饪时也可作为老姜的替代品。

老姜切片干燥后，就是干姜！

或许平常不会想到这也算是一款香料，因为我们很早就习惯使用新鲜的生姜与老姜，根本不会联想到干燥的干姜，其实也以香料的角色，悄悄进入日常生活中。

在寒冷的冬季，有人爱用花椒泡脚来促进血液循环，但其实在日常生活中，更常以干姜粉或生姜粉来泡澡或泡脚，是温暖过冬的好帮手。

干姜也很适合做茶饮，比如桂圆红枣姜母茶；也在腌制香料中经常出现，在料理或炖品上，偶尔也会被当成是老姜的代用品。

虽然是一种日常家庭中较少使用的香料，但并不少见，因为在食品加工业中，算得上常使用的香料之一。

另外，老姜切片干燥就是干姜，若要制成老姜粉或其他粉状制品，姜科植物需要先煮制，让淀粉熟化后再研磨，这样才能避免肠胃不适。

干姜烧鲈鱼

材料

鲈鱼　1条（切块）
干姜　10克
米酒　100 毫升
白胡椒　3克
盐　2克
红薯粉　适量
细姜丝　适量

调味料

油　15克
糖　15克
酱油膏　50克
水　150 毫升
绍兴酒　30 毫升

做法

1 取一半米酒与干姜浸泡30分钟以上。
2 鲈鱼洗净切块，用盐、胡椒、米酒腌渍10分钟。
3 取鱼块粘上红薯粉，煎至金黄色后取出。
4 炒锅加油、糖各15克，慢炒成糖色，加入步骤1的干姜米酒、酱油膏与水一起煮开。
5 放入煎好的鱼块一起慢烧，起锅前淋上绍兴酒，最后再用细姜丝装饰。

TURMERIC

酸

苦

甘

涩

辛

咸

凉

麻

姜黄

炸鸡上色最佳利器

[别名] 黄姜、黄丝、郁金

[主要产地] 印度、印度尼西亚及中国。

[挑选] 色泽明亮，呈正黄色或橘黄色。

[保存] 一般新鲜的姜黄，只要冷藏即可保存一段期间；干燥的姜黄片或是姜黄粉，则常温保存即可。

[应用] 有效成分为脂溶性，烹饪时宜搭配有油脂成分的原料，才能让姜黄中的有效成分释放出来。

在印度，被誉为“穷人番红花”的姜黄，用于入菜、作为香料甚至当作染料，都有不错的表现。番红花因为价格昂贵，并不是每个人都消费得起，而这个古老又平价的姜黄，和番红花在某些部分的表现有异曲同工之处，甚至还有其他令人意想不到的效果。

姜黄这个原产于热带及亚热带地区的植物，在三千多年前就已被印度所使用，当药用也当香料，是纯天然的染色剂，更是近年来被追捧的养生圣品。姜黄、孜然与芫荽子，又被称为咖喱三宝！以这三种香料为基础，向下延伸就可以组合成变化多端的咖喱香料配方。

但从药铺角度来看，单单姜黄属就有三种，分别是姜黄、郁金及莪术，这当中又分别有细项、功效及主治略同，但常会混淆，尤其是姜黄及郁金。而市面上常见的红姜黄与黄姜黄，其实是印度品种与印度尼西亚品种的差别，而较少见的紫姜黄，即是药铺中的莪术。

所以换句话说，在药铺所见到的不论是姜黄、郁金还是莪术，从食材或香料的角度来看，其实都是姜黄一类，只是品种不同而已。

郁金：是姜黄的其中一种，但与观赏用的郁金香一点关系都没有。

莪术：虽是姜黄种类的一种，但甚少被使用在烹饪上，依旧以药材使用居多。

◆ 咖喱香料粉

材料

姜黄　15克
孜然　20克
芫荽子　15克
黑胡椒　15克
肉桂　10克
肉豆蔻　10克
西式大茴香　8克
山柰　8克
荜拨　8克
绿豆蔻　6克
砂仁[①]　6克
陈皮　6克
香叶　3克
丁香　3克

做法

1 将上述材料，放进烤箱中微烤，或放入干锅用小火微炒一下，增加香料干燥程度。
2 放进高速调理机中打成粉末状即可。
3 放置冷却，装入玻璃瓶中保存。

① 砂仁：化湿，行气，温脾，安胎。阴虚有热证者禁服。

咖喱炖鸡

材料

仿土鸡腿（切块） 1支
自制咖喱粉 20克
洋葱 半颗
红葱头（切碎） 3颗
鸡高汤 150 毫升
椰奶 50 毫升
盐 适量

做法

1 仿土鸡腿块洗净擦干，用少量咖喱粉腌渍30分钟。
2 取一锅放入色拉油，炒香洋葱与红葱头至软化。
3 再放入腌渍好的鸡腿肉一起用小火拌炒上色。
4 加入剩余咖喱粉与鸡高汤后，用小火不断拌炒收汁。
5 待收汁完成前加入椰奶拌和，并用盐调味即可。

1-8 参类家族

说到补，或是养生，在人们心目中，我想闪进脑中第一个念头，便是有“药王”之称的人参！

但除了人参外，其他尚有不同的参类，每一种又各有不同属性，也就是我们常说的温补或是凉补之别。

不管是冬季滋补还是夏季的凉补，病后调理，药膳料理，高贵茶饮，抑或是彰显贵气，参类肯定是首选，但人的体质不同，四季有春夏秋冬，药膳有寒热温凉，滋补圣品，药膳首选，会不会补过头？或如何以调味的角度来使用？这些都是需要进一步了解的必修课。

人参须
东洋参
西洋参
党参

人参

干品鲜食两相宜

[别名] 高丽参

[主要产地] 中国、西伯利亚地区、朝鲜半岛。

[挑选] 外观形体完整，切面颜色深、无白心，香气足。

[保存] 铁盒未开封，常温放置越陈越香，开封后应避免受潮或虫蛀。

[应用] 补气效果虽佳，但体质偏热，或是夏季时节，宜避免或减少使用。

小时候常常看到长辈们上药铺来购买人参，不管是切片或送礼，总是会听到，这人参是好东西，口中偶尔含着一片，立马精神十足，或是冲成茶饮细细酌饮，也可以永保安康、延年益寿！在《药铺年代》中回忆着阿水叔的高丽参那篇故事，心中又是另一种的体会。

人参被称为“药王”，是李时珍尊称的上品，可以延年益寿，在古时候也被当成是不可多得的强心药，独参汤便是一个知名的药方。

既是药材，也被当成补养品，更是被当成香料来看待。

因含有多种人参皂苷及多种氨基酸，常用于医病处方、药膳、炖品，或制作成各式保养品，产地之一的韩国，也很喜欢用新鲜的鲜人参入料理。

但人参也因为性质属于温性，所以有部分热性体质的人并不适合使用，或是夏季要减少食用，或改用其他较为凉性的参类。人参虽好，还是要提醒一下，若有感冒、失眠或是高血压的人就不太适合了。

人参须

作用大致与人参相同，但功用较弱。参须泛指成熟人参采收后所修剪下的细须，或是1～2年生长期的小人参，也因为更加温和，所以常被用来替代人参，在不适合人参大补的季节，或是想满足口腹之欲时，或当成四季保养之用，都可入药膳、茶饮或作为香料使用。

人参须

人参乌骨鸡汤（电炖锅版）

材料

- 乌骨鸡　1只
- 干香菇　8朵
- 竹荪　20克
- 水　2升
- 米酒　1杯
- 盐　适量

香料

（装入棉布袋，人参[①]须及枸杞不装袋）

- 人参须　8克
- 枸杞　15克
- 熟地黄[②]　9克
- 当归　6克
- 芍药[③]　6克
- 川芎　6克
- 黑枣　3粒

做法

1 全鸡不切块，洗净焯水备用。

2 干香菇泡开，香菇水要留用。

3 竹荪泡水清洗后，沥干备用。

4 将全鸡、香料包、人参须、香菇（含香菇水）及竹荪放入锅中，加进水及米酒。

5 电炖锅外锅加一杯水，按下开关。

6 待电炖锅跳起后，加入枸杞，外锅再加进半杯水，按下开关。

7 待电炖锅再次跳起时，加入盐调味再闷10分钟即可。

---

① 人参：大补元气，固脱，生津，安神。实证、热证、湿热内盛证及正气不虚者禁服。不宜与茶同服。

② 熟地黄：补血滋阴，益精填髓。脾胃虚弱，气滞痰多，腹满便溏者禁服。

③ 芍药：主邪气腹痛，除血痹，破坚积，寒热疝瘕止痛，利小便，益气。血虚无瘀之症及痈疽已溃者慎服。

JAPANESE GINSENG

东洋参

春秋温补好帮手

［别名］ 片参

酸

[主要产地] 日本、中国、朝鲜半岛。

[挑选] 切片中心无白心，以颜色越深，香气越足者为佳。

[保存] 常温放置越陈越香，但应避免受潮或蛀虫。

[应用] 属于温补滋养的参类，使用与效果同人参大致相同，但相较于人参，更适合体质偏热的朋友使用，在季节的使用上，除夏季外，其他季节均适宜，也常用于药膳、茶饮等。

只产于东方，西方不种植，所以称为东洋参，原产于中国，后引入日本，现在则以日本产的最具代表性。在选择温补滋养的参类时，除了常见的参须，东洋参也是另一种适合温补的参类品项。

日常用法中，东洋参是温性滋补的参类，功效与人参大致相同，补气血、抗疲劳、增强免疫力，价格也更为亲民；与人参不同的是，更常被使用在春、秋两季，天气不太寒冷的季节，无须人参大补时，也是体质偏燥热的朋友适合的选项之一。除常见的药膳炖品外，也常与枸杞搭配制成茶饮，可保养眼睛、增强体力。

东洋参活力汤

材料

东洋参[①] 3克
菊花 3克
黄芪 5克
枸杞 6克
红枣 10克
水 1.5升

做法

1 将所有材料用清水洗去灰尘。
2 起一锅水，放入所有材料开火煮开。
3 调至小火继续煮20分钟，熄火过滤即可。

① 东洋参：散风热、消肿毒。

酸 苦 甘 涩 辛 咸 凉 麻

西洋参

四季凉补的首选

[别名] 花旗参、巴参

[主要产地] 美国、加拿大、中国。

[挑选] 形体越小，重量越轻，品质越佳。

[保存] 常温放置越陈越香，但应避免受潮或虫蛀。

[风味] 四季凉补首选，性寒凉，味道甘中带点微苦，气味清香，是常用的保健香料药材，夏天食用也不担心过于燥热。

西洋参即为西方产的，以前的医药书籍一度误载产地是法国，其实产地以美国、加拿大为主。

我们坊间用语所称的巴参、花旗参或粉光参，都是在说西洋参，是一种有别于人参的品项，在参田采收后，经过水洗分级，再直接干燥后，就可以做后续的分级分装。不像我们所常见的红高丽参，也就是人参，在采收后尚需多道后续的蒸制、干燥及熟成的烦琐步骤，相较于人参采收后的相关工序，西洋参的工序简单多了。

西洋参的属性也与温性的人参不同，是一种凉性的参种，适合过敏性哮喘、过敏性鼻炎的日常保健之用，生津止渴也是日常用法，加上又可以抗疲劳，也不会像人参那样让人兴奋，属于四季凉补保健的选项之一。日常中可冲泡成茶饮，用于平日保养，入汤品更是常见的做法。

◆ 西洋参炖水梨（电炖锅版）

材料

水梨　1颗

西洋参[①]　10片

红枣　3粒

枸杞　5克

冰糖　10克

水　适量

做法

1 水梨去皮，切块。

2 将西洋参、水梨、红枣、枸杞及冰糖放进内锅，加入适量的水（水量盖过水梨即可）。

3 外锅加两杯水。

4 待电炖锅开关跳起即可。

① 西洋参：补气养阴，清火生津。中阳虚弱，寒湿中阻及湿热郁火者慎服。

TANGSHEN

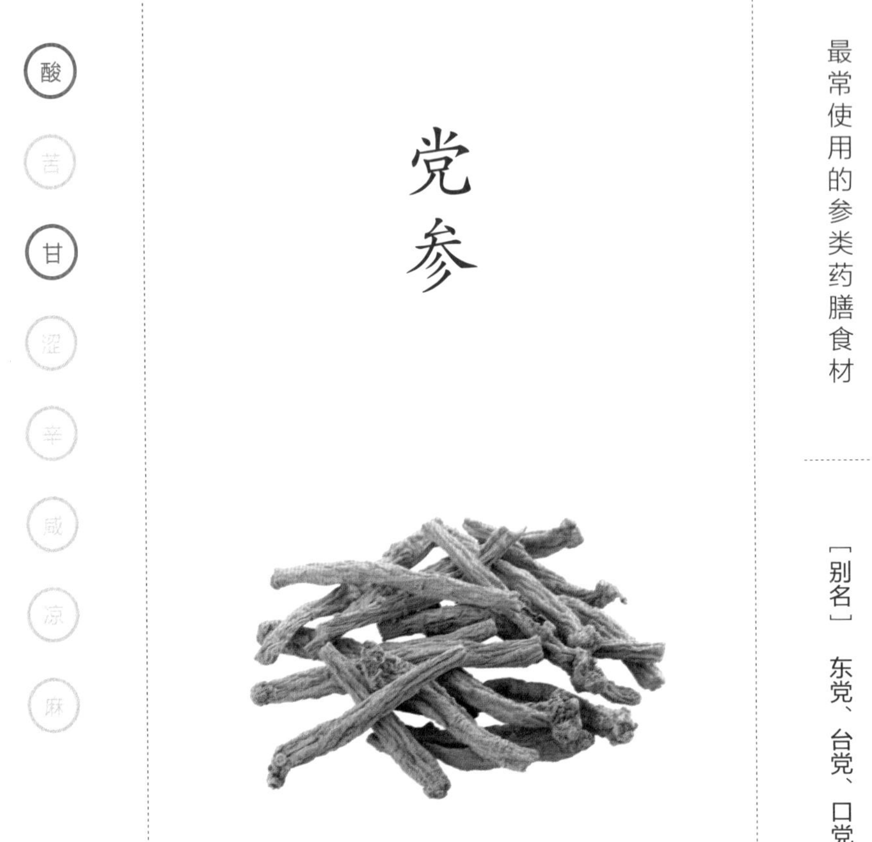

酸 苦 甘 涩 辛 咸 凉 麻

党参

最常使用的参类药膳食材

［别名］东党、台党、口党

［主要产地］ 中国、朝鲜。

［挑选］ 形体越粗大，等级越高，无酸气。

［保存］ 应避免受潮或虫蛀，或冷藏保存。

［应用］ 味温性甘，是四季皆宜的补气药膳香料，因不燥热，常用在月子餐炖品或夏季养生锅中。

党参属于虽归类在参类家族，但却不是五加科植物，而是属于桔梗科。

党参被誉为穷人的人参，不管是在古代或现今，党参都被称为穷人版的人参。党参和人参的外观有点相似，但根部分支较少，比起人参，价格相对低廉，且因为性质较为平和，所以常在夏季代替人参作为药膳汤品使用，或是体质过于燥热的人，不适合人参或东洋参这类温补的药材，就可用党参替代。

党参也就是因为价格低廉，又有不错的保健作用，除药用外，党参也被大量地使用在药膳料理或香料之中，比起人参，应用面更广。

虽然党参平时入汤品或药膳居多，但除此之外，尚可与五谷杂粮类的薏苡仁、红豆等一起煮成茶饮，既有平和的滋补功能，还有夏季除湿利水的好处。在日常药膳中，若只是保健，多半以党参来替代人参或东洋参使用，一年四季均可食用，并不受四季寒暑季节所限制。

◆ 党参黄芪薏苡仁红豆水

材料

- 党参　10克
- 黄芪　20克
- 薏苡仁　40克
- 红豆　30克
- 水　2升

做法

1. 将材料洗去灰尘。
2. 起一锅水，放入所有材料。
3. 大火煮开后，调至小火继续煮60分钟后熄火，冷却过滤即可。

1-9 伞形花科家族（除茴香类外）

除了大家所熟悉却又一头雾水的茴香外，伞形花科中可当成药膳材料或是香料的，其实也不在少数。

例如，除常见用来补气血的当归、川芎外，就连香菜，都是其家族成员。

川芎
当归
白芷
芫荽子

麻

当归

养血补血第一名

［别名］秦归、西当归、云归

[主要产地] 甘肃、四川、云南、台湾。

[挑选] 整株头圆、尾粗，香气明显，带油润感、香气浓郁为佳，无明显木质化。

[保存] 由于夏天高温潮湿，而目前当归几乎都未熏硫黄，若保存不当，容易长蛀虫，所以宜冷藏保存。

[风味] 在香料中是主角也是好配角，因富含油脂、气味很香，各式药膳火锅都适合，也是腌肉百草粉中的重要香料。

当归可说是大家最为熟悉的中药材，但凡是祖母要煮养生鱼汤，母亲要炖四物鸡汤，父亲要吃羊肉火锅、当归鸭……都可看到当归在其中。当归除了是四物汤的主角外，在其他很多补气的方剂中也常出现，《本草纲目》记载：补血和血，调经止痛，润燥滑肠，是目前最常用的补血药材了。

虽然当归是常用的药膳材料之一，又被誉为妇科圣药，却也不是任何体质都适合食用，像体质比较偏热的就不适合多吃当归，因为吃多了容易有上火、长痘痘及便秘的情形发生，妇女在经期也要慎用。

当归近年来在台湾省变成一种经济作物，台湾省目前所栽种的当归，是少数在台湾省具有高经济价值的中药材之一，主要产地在花莲、南投，屏东也有少量的栽种。

台湾所进口的当归，都是干燥的植物根或是加工过的饮片，而台湾所栽种的当归大多是鲜品，所以全株植物都可使用，整株连茎叶皆能入菜，可供发展的品项更齐全。

台湾本地产当归不仅经济价值高，使用面也广，再加上气候适宜，不单单是入料理，更可借助生物科技，导入相关保健食品的开发……处处都可看到其用心。当归是如此有经济价值，本地用量需求也大，而台湾又有农业改良专家，再加上台湾有很多闲置的农业用地，如果以此来发展精致农业，进而培植本土的中药栽种产业，似乎也是一件一举两得的事。

当归鸭

材料

菜鸭　半只
姜丝　少许
盐　适量
当归枸杞酒　适量

香料

当归（或当归脚）　20克
川芎　6克
黄芪　6克
芍药　5克
熟地黄　5克
党参　5克
红枣　5粒
肉桂　3克
枸杞　6克

做法

1 鸭肉剁块，洗净血水及杂质。
2 用冷水慢慢加热汆烫鸭肉，水烧至将开未开时，大约90℃即可，再次洗净备用。
3 将香料用棉布袋装起（枸杞除外）。
• 棉布袋要依香料分量选用大小适合的，不要装得太密，中间留些空间，让香料能顺利释放味道。
4 起一锅水约2升，放入香料包及鸭肉，煮开后调至小火，煮约30分钟。
5 最后5分钟加入姜丝及枸杞继续煮一下。
• 枸杞最后才放，这样才不会出酸味，枸杞不化，视觉效果好。
6 最后用盐调味。上桌前淋一点当归枸杞酒，更能增添风味。

《 美味小秘诀 》

- 当归枸杞酒和姜丝对于当归鸭有画龙点睛的效果。
- 若未泡制当归枸杞酒时，可以用米酒替代。
- 在氽烫动物性食材时，用冷水慢慢加热去除血水，不能用热水氽烫，是因为如果直接以热水氽烫食材，容易让食材表面温度上升过快，使得蛋白质凝固，从而让食材里的血水无法顺利流出，反而留在食材里造成腥味过重。因此一开始便将食材放进冷水中，再开火慢慢加热氽烫，比较容易让食材里的血水流出，达到氽烫效果。

当归生姜羊肉汤

材料

- 羊肉片　600克
- 姜丝　20克
- 水　1.6升
- 盐　适量
- 当归枸杞酒　适量

香料

- 当归　12克
- 川芎　6克
- 黄芪　8克
- 熟地黄　5克
- 肉桂　3克

做法

1. 将所有香料装入棉布袋中。
2. 起一锅水，先熬煮香料包30分钟。
3. 捞起布袋不用，放入羊肉片烫煮，撇去浮沫。
4. 最后加入姜丝继续煮1分钟。
5. 放盐调味，最后加入当归枸杞酒提味即可。

酸 苦 甘 涩 辛 咸 凉 麻

川芎

当归的好搭档

［别名］山鞠芎、香果、芎䓖

［主要产地］ 四川、云南、贵州、广西。

［挑选］ 香气明显，带油润感，片状硕大。

［保存］ 常温密封，避免受潮。

［风味］ 味辛，香气浓烈，与当归算是四物汤二宝，作为香料使用时，因药香味浓，可用来调整卤包的香气味型，如麻辣锅希望多点药膳香味时就可添加。

大家日常所熟悉的行气、补血、活血的药材中，第一名肯定是当归，而川芎肯定就是第二名，两者有着互补的关系，平日经后调理的四物汤中，川芎是基本成员之一，有着行气、活血、止痛的效果，而川芎在药铺中也常被使用于治疗头疼或感冒，因此，川芎在这类药膳汤品中，算是常见的保健药材。

也因为有着芳香的气味，所以也被归类为中式基本香料，除了我们熟悉的四物汤，也常与天麻或黄芪、枸杞这类药材，一同出现在鱼汤中。

就连东南亚的平民美食肉骨茶，川芎也常出现在黑汤中，也就是所谓的永香肉骨茶或称为福建式的肉骨茶当中。而大家都只知道使用川芎，用的是其地下块茎，其实在产地，就连川芎的嫩叶，也会被当成蔬菜使用。

◆ 川芎当归黄芪鱼汤

材料

- 鲈鱼　1条
- 姜丝　少许
- 盐　适量
- 米酒　少许

香料

- 川芎　6克
- 当归　6克
- 黄芪　10克

做法

1. 鲈鱼洗净切块。
2. 起一锅水，放入川芎、当归和黄芪，先煮10分钟。
3. 加入鲈鱼继续煮，撇去浮沫。
4. 最后加入姜丝、盐及米酒提味即可。

烧酒鸡

材料

仿土鸡　1只

米酒　2瓶

水　2.5升

老姜　3片

盐　适量

香料

（装入棉布袋，枸杞除外）

川芎　15克

当归　15克

何首乌[①]　15克

黄芪　20克

肉桂　8克

罗汉果　5克

桂枝　5克

甘草　3克

枸杞　20克

做法

1 土鸡剁块、汆烫备用。

2 另起一锅水，放入汆烫后的鸡肉、香料包、老姜及1瓶半的米酒。

3 煮开后，调至小火继续煮25分钟。

4 最后加入半瓶米酒及枸杞，继续煮10分钟。

5 熄火前加入盐调味即可。

《 **美味小秘诀** 》

- 米酒分两次下锅炖煮，可减少米酒使用量，并保留米酒香气。
- 枸杞最后放，可以让汤色泽更好看，也不会让枸杞的酸味出现。

---

① 何首乌：养血滋阴，润肠通便，祛风，解毒。大便溏泄及有湿痰者慎服。

酸 苦 甘 涩 辛 咸 凉 麻

白芷

美白药膳与卤水皆可用

[别名] 川白芷、芳香

[主要产地] 我国东北、华北及西南地区。

[挑选] 片状雪白，用手触摸有一点点粉状感。以色泽白，香气足为佳。

[保存] 以常温保存即可。

[风味] 潮式卤水的基本香料。气味清香，油脂较当归少，常见于十三香与川式卤味中，也能作为活血去湿止痛的茶饮。

相传慈禧太后在年过六十后，皮肤依然吹弹可破，除了是众多御医及后宫婢女的悉心照料外，更重要的是靠她的美容圣品——玉容散。

以前中国老祖宗所流传下来的美容药方，如七白散、八白散或是更具代表性的玉容散，总少不了白芷的存在，更进一步来说，这些中药美容面膜，都是以白芷为基础而衍生出的美容药方。

白芷可以说是功能全方位的药材，或称之为香料也可。除当药材用于止头疼外，也是爱美女性的美容圣品，在香料界中虽然不常当主角，但也常常看到它的出现。

不过由于饮食习惯的不同，白芷作为香料使用时，也产生不小的差异。台湾只有在少量的卤水香料，或是食疗药膳出现，比例不算高，但在大陆常用的调味料，如十三香、八大味、麻辣锅等复合香料或药膳，都习惯或常会添加白芷来增添香味。

白芷带有一股特殊的清香味，具有开胃效果，虽然不是主角，但也由于这股香味加入香料中，常会令人惊艳，有锦上添花的效果！同时白芷也带有辣味及苦味，用量通常不会太大。

在台湾反倒是爱美的朋友，比较常注意白芷的存在，因为白芷在中医美容方面有诸多效用，就中医的医理记载可看到，白芷对于美白、淡斑、雀斑、粉刺都有疗效，现代医学药理研究证明，白芷可改善局部的血液循环，促进皮肤细胞新陈代谢，消除色素沉淀，能起到美容作用。

白芷川芎天麻奶白鱼头汤

材料

大头鲢鱼头　1个
姜　6片
葱　2根
花雕酒　3大匙
色拉油　少许
水　3升
盐　适量

香料

白芷[①]　15克
川芎　15克
天麻[②]　20克
陈皮　2克

做法

1 鱼头去鳃洗净，对剖成两半，擦干水备用。
2 香料放进花雕酒预泡，泡至湿软即可。
3 起一油锅，先爆香姜片后，放进鱼头煸至两面微焦黄。
4 加水，用大火煮开后，撇去浮沫和浮油。
5 调至小火，加入用花雕酒预泡的香料及葱，继续煮1小时。
6 熄火，用适量盐调味即可。

《美味小秘诀》

第一次煮开需大火，否则汤头无法呈现乳白色。

---

① 白芷：祛风除湿，通窍止痛，消肿排脓。血虚有热及阴虚阳亢头痛者禁服。
② 天麻：息风止痉，平肝阳，祛风通络。气血虚甚者慎服。

酸 苦 甘 涩 辛 咸 凉 麻

芫荽子

咖喱重要的三个基本成分之一

［别名］胡荽子、香菜籽

［主要产地］ 原产于西亚，现今中国和东南亚地区为主要产地。

［挑选］ 果粒大且饱满，香气清香无陈味。

［保存］ 芫荽子在中药房或是超市均可找到，一般用瓶装常温保存即可。

［风味］ 芫荽子是西式烹饪常见的辛香料，台式烹饪则多用芫荽叶，近几十年才开始以籽入菜，也用于综合性的调味或腌制上，可去除肉类腥味。

虽不到爱恨分明的地步，但也有人打死不碰。芫荽据说是张骞出使西域所带回来的，大概是公元前100多年，也就是2000多年以前的事了，张骞可说是中国第一位探险家，在西汉时，从洛阳西行，两次出使西域，足迹涵盖了现今中亚及部分欧洲一带。

中国历代，就出使中国以外地区的人物之中，大概只有明朝的郑和，可以与张骞相提并论，虽说两人相差大约1500年，但确有一些相似之处，同样是宣扬国威，一位是第一个乘马西行出使外国的大使，另一位是驾船南下的使者，两人名气一样响，也在出使期间，引进当地的香料，在历史中有着不被遗忘的地位，也在中式香料的历史中占有一席之地！

对于芫荽子来说，东西方的使用上有明显差异，西方长期以来，大部分的时间都将芫荽子当作香料，常用在腌制肉类、鱼类、甜点、汤品或沙拉中，有时也用于饮品的调味，算是常见且重要的辛香料之一，芫荽叶（也就是香菜）也是常用的调香蔬菜。

而在中国早期，则多将芫荽子当作药材，在烹饪的使用上多以芫荽叶为主，芫荽子相对少用，开始大量将芫荽子用在烹饪上，也是近几十年的事而已，用法大多与西方烹饪相似，或是调入一些复合调味料或腌制香料，而印度咖喱的香料配方中，芫荽子则是不可或缺的材料之一。

最佳的“路人甲”——芫荽

在传统的中式料理，或是正宗的台湾料理、本地小吃中，芫荽都是最佳的“路人甲”！常常扮演着画龙点睛的效果，虽然不是主角，但缺了它，总觉得少一味，少了完美的感觉！譬如说猪血糕、贡丸汤、鱿鱼羹、油饭、米糕……不过在这几年的日本，却是疯狂地将芫荽变身为料理主角，堪称为芫荽作了一番新的注解。

有人喜爱这芫荽的香气，所以称之为香菜，做料理时总爱都加一点，甚至单纯地将香菜拌上酱油、醋及香油，就是一道美味的小菜。不过香菜虽香，但还是有人将其视为洪水猛兽，并不喜欢香菜的气味，可见这香气还是见仁见智。

莲藕排骨

材料

排骨　1千克
莲藕　150克
水　1.5升
盐　适量
胡椒粉　少量

香料

芫荽子　5克
白胡椒粒　3克
香菜　适量

做法

1 排骨剁块，入冷水锅中，慢慢加热汆烫备用。
2 莲藕洗净削皮，切片备用。
3 芫荽子、白胡椒粒用刀背拍破，香菜取香菜梗，三者装入棉袋中，香菜叶另用。
4 起一锅水1.5升放入排骨、莲藕、香料包，大火煮开后调至小火继续煮约40分钟。
5 熄火上桌前，再用盐调味，撒上少许胡椒粉，放上香菜叶即可。

1-10 芸香科家族（除花椒外）

柑橘类一门，是大家都熟悉的水果，不管是柚子、柠檬、柳橙或橘子，甚至有更多水果都属于柑橘类，而柑橘类的果皮或叶子富有丰富的精油成分，也常被萃取出来，做成各式商品，如化妆品、清洗用品、高浓度精油……

常见柑橘类的果实，我们当成水果看待，而果皮或是未成熟的果实，则另有一番用途！

不单单是果实的运用，就连果皮、未成熟的果实，甚至叶子都可以当成香料来看待。

陈皮
枳壳
青皮

陈皮

小时候不用本钱的香料药材

［别名］橘皮、桔皮、陈红皮

［主要产地］广东、湖南、贵州、台湾等地。

［挑选］大致有盐制陈皮（色泽呈黑褐色），与自然干燥（色泽呈橘褐色）两类，只要挑选香气清香，香气足、无霉味者均可。

［保存］陈皮是一种不怕放的香料，而且越陈越香，只要用瓶子常温保存即可。

［风味］对于有痰的咳嗽、消化不良、食欲不佳都有效果。能去除海鲜腥味，也用于炖肉或汤品。加入麻辣锅，则能保养肠胃的，味道辛凉、清新余韵足。

印象中每当中秋过后，进入十月，市场上就会看到橘子的出现，记得小时候剥橘子吃时，我的祖父总会交代说，橘子皮剥完后要丢到屋顶上，不要丢掉。

后来，年纪慢慢大了一点，才知道原来以前丢到屋顶的柑橘皮，是一种常用的中药材，也就是我们现在常用的陈皮。

陈皮，顾名思义，就是放越久越好。和一般我们所认知的香料不太一样，一般常见的香料，香味会随保存时间的延长而递减，而陈皮就像老菜脯及老酒一般，只要保存方式正确，香气就会随着时间的增加越陈越香。

陈皮号称广东三宝，既然是“陈”，当然就有新旧之分，陈皮在不经人为加工时，会随时间越久，颜色越来越暗沉，变成黑褐色，香气则会越来越浓，散发出一股柑橘类特有的清香味，但不刺鼻，泡出茶汤的颜色，应该是清澈的茶色，若发现泡出像是普洱茶的色泽时，那就要考虑一下是不是经过加工的陈皮了。

陈皮除了药用，也常作为香料，台式卤味、五香粉、日本七味粉、广式陈皮老鸭汤，以及西式的橙皮鸭、橙香慕斯……都见得到其踪迹。而在蜜饯、果酱的应用上，则是另一项大宗商品，如山楂饼、八鲜果、陈皮梅，或是以甘草糖盐制作成的蜜陈皮……总之，加入创意所做出有关陈皮的零食还真不少。

自制陈皮

入秋后，台湾本地盛产橘子，也可以自制陈皮。在剥完橘子后，将橘皮留下，利用日光晒干橘皮，干燥程度只要达到用手轻折橘皮，能轻易折断，就可装入密封罐保存了，而且越放香气越浓。

◆ 陈皮老鸭冬瓜汤（电炖锅版）

材料

- 老鸭　1/4只
- 冬瓜　120克
- 高汤或水　适量
- 盐　少许

香料

- 陈皮　3克
- 老姜片　3片
- 黑枣　5颗

做法

1. 鸭肉剁块洗净，汆烫备用。
2. 起一油锅，倒入少许油，将鸭肉入锅炒至上色。
3. 冬瓜不去皮，洗净切块。
4. 所有材料入电炖锅，加水或高汤盖过食材即可，外锅加两杯水。
5. 待电炖锅跳起后，再闷一下，加入适量盐调味即可。

《美味小秘诀》

- 陈皮的使用量不宜过多，容易让汤产生苦味。
- 若老鸭不易取得，可以使用菜鸭。

枳壳

要先炒焦才能用的香料

[别名] 炒枳壳、苦橙

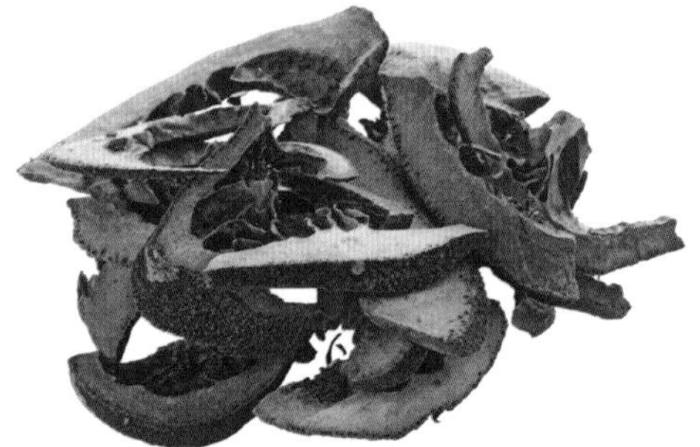

[主要产地] 四川、江西、湖南、湖北、江苏为主要产地。

[挑选] 炒制过酸香气依然明显，带一点点焦香味。

[保存] 一般以常温保存，并无特别需注意之处，只要避免受潮即可。

[风味] 带有柑橘酸香味，但苦涩味也明显，常用于川式凉卤菜的卤水，有去油腻、去腥味的效果。

古人说：橘越淮为枳，所以大致上产地就以淮河为界，当然淮河以北也有柑橘类的植物，不过大致上就作为另一种药材——枳实或枳壳使用了。这是以前古人对橘子或枳实、酸橙这类柑橘类大致的区分法则，但随着农业科技的进步，这类粗浅的分类法则也很早就被打破。

这类柑橘未成熟就采收下来的药材，还须经过一道炒制过程，才能使用，带着一股微焦酸香气。原本是一种理气药材，也因为有股柑橘类酸香气味，既有增加香气，又有去除腥味的效果，让这原本大家所认知的药材，也进入到香料一门之中。

枳壳与我们常吃的柑橘类，同为芸香科果实，但药铺中常见的枳实或枳壳，是一种酸橙尚未成熟的果实，经切片加热炒制微微焦化而成，整粒切片为枳实，若只有外部的皮，就称为枳壳。

现今，枳实或枳壳不仅作为药材，在香料使用上也有一席之地，因为具有除腥臭味、膻味增香的作用，且气味酸、香气浓，常用于川式凉卤菜的卤水中，但本身带有一股苦涩味，用量不宜多放，否则易使卤水变苦。

枳壳味道偏苦涩，但同时也带着酸味，而陈皮总体比较偏向于甘甜味，两种香料存在不同的风味，如果以为两者因为同样是柑橘类，就可以互相替换与替代，这并不是正确的观念。

就以常见的卤味卤制而言，陈皮对肉质的软嫩程度有正面作用，且有增加清香作用；而枳壳在去油腻上效果比较佳，同时去除腥膻味的效果也比较好。

枳实

枳壳焖秋刀鱼

材料

秋刀鱼　2条
白醋　50克
水　250克

调味料

清酒　50毫升
枳壳[①]　5克
酱油　50毫升
味醂　50毫升
蜂蜜　20克
水　300毫升
糖　20克

做法

1 秋刀鱼洗净切小段，泡醋水（白醋50克＋水250克）一个晚上。
2 取出秋刀鱼擦干表面，抹油烤上色或用热锅煎上色备用。
3 锅内放入清酒烧开，待酒精挥发后，加入其他调味料与秋刀鱼，煮至大开后调中小火，继续熬煮30分钟即可。

《美味小秘诀》

- 泡醋水是为了让秋刀鱼的鱼骨能够通过醋水浸渍，达到软化作用，如此一来，无论是炸过或是烤过的秋刀鱼经过炖煮后，鱼骨都会变得松软，容易入口。

① 枳壳：理气宽胸，行滞消积。孕妇慎服。

青皮

不会越陈越香的橘皮

[别名] 四花青皮、倩皮、青皮子

[主要产地] 中国南部及西南部地区。

[挑选] 色泽偏青绿，香气足。

[保存] 一般用常温保存，并无特别需注意之处，只要避免受潮即可。

[风味] 青皮酸香浓郁，多利用其本身的苦涩味，来去除动物类食材的腥味。

青皮，作用类似于陈皮，却无法像陈皮一样越陈越香。

其苦涩味也较陈皮明显，一样是芸香科柑橘，青皮却是用柑橘未成熟的幼果，或以未成熟的果皮干燥而成，但大多还是使用果皮，甚少见到用未成熟的整颗果实来干燥。

因为是未成熟的柑橘果皮，所以精油较多，酸香气浓郁，但也因未成熟，苦涩味更加明显，因此在作为香料的使用上，有着更大的限制，通常仅局限在用于去除腥味这一主要功能。

在一般的家常卤味上，我们似乎不会将青皮当成香料，但在川式卤味中，却不难发现青皮的存在，它比起陈皮多了一股明显的苦涩味，由于川式卤味常出现腥膻味明显的食材，所以青皮这苦涩的气味特点，正好可用来去除腥膻味，中和味道以达到增加香气的效果。

在柑橘类的运用习惯上，不难发现香料因地制宜的特性，与所在地的食材风味与新鲜程度息息相关。从“老广”[①]喜欢用陈皮，到西北地区既喜欢陈皮，而青皮的使用上也不算少见，而在台湾则是介于两者之间，对于陈皮没到疯狂重用的程度，但相对的，青皮所用之处也屈指可数。

但随着这些年饮食文化的改变，川式料理占据了重要的地位，由于口味厚重，所用的食材也更加多元，连带着在香料的选择上，原本不常出现，或是甚少使用的香料种类，都纷纷冒出头来，出现在本地的香料市场中，青皮便是其中一种。

① 老广：指在广州生活过几十年，熟悉广州文化的人。

青皮纸包鱼

材料

深海石斑鱼肉　500克
黄节瓜　80克
绿节瓜　80克
小番茄　30克
蛤蛎　40克
茴香叶　2克

调味料

青皮　6克
白葡萄酒　20 毫升
盐　1小匙
胡椒粉　1小匙
橄榄油　2小匙

做法

1 蔬菜切片状，加适量盐、胡椒粉、橄榄油拌均匀。

2 石斑鱼肉加入所有调味料拌匀。

3 使用烘焙纸将所有蔬菜、蛤蛎、石斑鱼肉包裹（茴香除外）成为一个包状，放入180℃ 烤箱，烤25～30分钟后取出。

4 用剪刀剪开纸包鱼，摆盘放上茴香叶即可。

香料性味

2-1 染色作用

在香料的运用中，不管是增加香气，还是去除腥膻味，有些香料作用是单一的，而有些却有两种或两种以上的作用存在。

在烹饪时，我们强调的是色香味俱全，所以香料的存在，不单单是增加香气，去除食材异味而已，若是能增加美观，让烹饪从好吃的层面，提升到色香味俱全，更是香料存在的另一个重要因素。

紫草
杜仲
番红花
姜黄
黄栀

CAPE JASMINE

黄栀

从古到今的天然染色剂

［别名］栀子、黄栀子、山栀子

[主要产地] 长江流域以南和台湾等地。

[挑选] 果粒均匀饱满无破损，色泽亮度佳，无褐。

[保存] 一般以常温保存，并无特别需注意之处，只要避免受潮即可。

[风味] 在复合香料配方中，取其偏凉的属性，常用来调整麻辣锅或药膳的色泽，使其降低燥热属性，是四季皆宜的凉性香料。

黄栀子既是天然的染色剂，也是早期的消炎药。在化学合成的添加色素尚未普及之前，黄栀子曾经是一种常见的天然染色剂，由于本身的苦寒药性，也常被运用于消炎抑菌的处方上。

除了用于香皂调色，食品上最常运用于面条染色，就连平民小吃粉粿的染色也常见到黄栀子的踪影。

若从香料的角度看，栀子最常被运用的两个功用：一是调性味，另一个就是上色。因为大多数的香料性味，多为温性或是偏热的属性，所以在四季的香料运用上，不单单要讲求香气层次，且为了要达到属性的平衡，像栀子这类偏寒性的香料，这时就会派上用场。

即使带着苦味与酸味，使用上只要稍稍留意一下用量，倒也不至于将苦味带出来；另一个就是借助染色的好效果，所以在卤水的香料配方中也常见到，有帮助卤味上色的辅助作用。

而栀子除了大家所知的染色效果，以及在中药上用于消炎抑菌，或是香料配方中用于调性味之外，其实还有另一项被大家所遗忘的功用。在茶饮中，栀子花扮演了另一种角色！

自陆羽所著的《茶经》问世以来，人们便将花朵或是其他香气与茶叶香结合了，经过宋、明一路到近代，从早期单纯的茉莉花、菊花，一路增加花茶的种类，柚子花、栀子花也是熏制花茶的选项之一，只是这熏制花茶是另一个领域，也由于茉莉与玫瑰花茶的名气过于响亮，让其他种类的花茶相形之下，名气默默被掩盖了。

古早味粉粿（电炖锅版）

材料

黄栀子仁　5粒
红薯粉　170克
马铃薯粉　30克
水　500 毫升
棉布袋　1个
烘焙纸　1张

做法

1 取300毫升水，将红薯粉及马铃薯粉调成粉浆。
2 将栀子仁用刀背拍破，装入棉布袋。
3 剩下的200毫升水中，放入装有栀子仁的棉布袋，开小火煮开后，汤汁呈现黄色即可捞起栀子仁。
4 将步骤1的粉浆，倒入步骤3的汤汁中，快速搅拌均匀成糊状，即可关火。
5 将步骤4的粉糊倒入铺有烘焙纸的容器，放入电炖锅，外锅加一杯水。
6 电炖锅跳起，用筷子插一下，无糊状即可取出放凉。

《 美味小秘诀 》

- 栀子仁不宜久煮，避免出现苦味。
- 若用燃气炉蒸，大约需要15分钟。

麻

熟地黄

黑汤肉骨茶的着色剂

［别名］熟地

［主要产地］ 河南为主要产地。

［挑选］ 切面色黑有油亮光泽，香气浓郁为佳。

［保存］ 冷藏为佳。

［应用］ 熟地黄在中式药膳常见，除药性外，不但能增加甜味，还能调整汤品色泽。

熟地黄是处理起来很费工夫的一道药材，传说中的九蒸九晒，说的就是它，不管是用黄酒蒸，或是要先浸泡砂仁酒，再用其浸泡后的酒来蒸生地黄，蒸过后再晒，晒过后再蒸，反复蒸晒直到九遍，让原本药性转变，也让其色泽产生变化。

我们对于熟地黄并不陌生，四物汤中就能见到，是常见的补血滋阴药材，也是日常生活中常用的药膳材料之一。

小时候家中所炖煮的药膳，十之八九都是黑色的，好像不是黑色就不像是在进补了，而小朋友所不喜欢喝的黑黑的药膳汤，通常就是熟地黄所造成的。因为熟地黄有着黑色的染色特性，在需要对汤汁上色或加深色泽时，这时它就能派上用场。

但有别于其他也有着黑色染色效果的食材，如竹炭粉或墨鱼粉，这类只单纯提供纯黑的上色效果，熟地黄常用于加深汤汁的色泽，效果更佳，竹炭粉或墨鱼粉则用在食材的染色层面居多。

生地黄、熟地黄的差异

地黄有生、熟之分，甚至有鲜地黄，只是我们这边不是产地，所以无缘见到新鲜的地黄。生地黄是指鲜地黄采收后晒干而成；而熟地黄则需经过反复蒸晒，使其药性从寒性转变至温性，色泽也从褐色转变成黑色，并带有明显的甜味。

◆ 药炖排骨

材料

- 排骨　1千克
- 姜丝　少许
- 米酒　1杯
- 水　2.5升
- 盐　适量

香料

- 熟地黄　20克
- 当归片　10克
- 芍药　10克
- 肉桂　6克
- 川芎　8克
- 黄芪　8克
- 桂枝　5克
- 枸杞　10克

做法

1 将所有香料装入棉布袋中（枸杞除外）。

2 排骨剁块汆烫后，洗净备用。

3 起一锅水加入排骨及药膳包，开火后煮开，调至小火继续煮40分钟。

4 加入米酒1杯、姜丝及枸杞续煮10分钟。

5 熄火，加入适量盐调味即可。

《 美味小秘诀 》

- 米酒最后下，不仅可以减少酒类用量，也能保有酒香味。
- 枸杞最后放，可以让汤色泽更好看，也不会让枸杞的酸味出来。

杜仲

和竹碳粉有相似的作用

［别名］丝绵皮、棉树皮

[主要产地] 四川为主要产地。

[挑选] 一般挑选炒断丝的杜仲。

[保存] 以常温放置阴凉处，避免受潮即可。

杜仲在大家的印象中，最常与产后坐月子食疗联系起来，调理肋骨或是腰背疼痛的药方或食疗中也常出现，而以前传统人家习惯泡上一瓮的药酒中，也肯定会有杜仲；甚至将杜仲炒黑炭化后，用于女性朋友经血过多，止血的调理也不难见到。而杜仲叶所做成的茶饮，则广泛用于降“三高”，以及当成维持体态的保健茶饮。

老祖宗们习惯在使用杜仲前，会先有各种前制作业，不管是盐水炒制，或是将杜仲炒黑炭化，断其树皮中的丝性后使用，均是讲求其药用价值。

长久以来，杜仲一直与药材相联系，不太被认为还有什么药材之外的其他用法。

不过，提到食材染色，除了常见具有天然色泽的材料，如红曲、甜菜根、姜黄或是绿色菠菜，以及染黑时常用的墨鱼粉、竹炭粉；除此之外，杜仲炒黑炭化后，研磨成粉也是另一种染色选择，但因为取得不易，所以普及性相对较低一点，仍然是更常出现在药膳炖品中。

为什么要挑选炒断丝的杜仲？

生杜仲皮折断后会产生类似蚕丝状一般的丝，所以在使用前，通常会先用盐水炒制，或直接炒制，断其丝性后再使用。

杜仲麻油腰子

材料

- 腰子　一副
- 老姜　30克
- 亚麻籽油　40 毫升
- 米酒　半杯
- 盐　少许
- 水　700 毫升

香料

- 杜仲[①]　25克
- 当归　5克
- 红枣　3粒
- 枸杞　6克

做法

1 腰子斜切厚片，稍稍汆烫备用。

2 起一锅水，放入杜仲、当归及红枣煮20分钟后过滤，先煮成杜仲水。

3 起一油锅，倒入亚麻籽油，先将老姜煸香。

4 加入杜仲水、腰子、米酒及枸杞，煮开后继续煮2分钟熄火。

5 用少许盐调味即可。

《美味小秘诀》

- 加入枸杞及红枣，利用自然甜味来中和杜仲及当归的苦涩感。
- 枸杞最后放，可以让汤色泽更好看，也不会让枸杞的酸味出来。

---

① 杜仲：补肝肾，强筋骨，安胎。阴虚火旺者慎服。

SAFFRON

番红花

[别名] 西红花、藏红花

[主要产地] 欧洲、地中海及中亚等地。

[挑选] 色泽橘带红，香气清香，干燥程度佳。番红花属于超高价香料，通常以克计价，购买时找有信誉的商店，选购花蕊丝，尽量不要选购番红花粉，以免买到假货。

[保存] 番红花以常温密封放置阴凉处，避免受潮即可。

若是说在古代，番红花被用来编织入波斯王及释迦牟尼的寿衣里，大概大家对番红花就没有太多的兴趣了；不过，若提到古时的印度人，都将番红花的花朵作为礼佛之用，那大家看待番红花的眼光可能就大不相同了。

若从饮食的角度来谈番红花，肯定首先联想到的就是西班牙海鲜饭。番红花在中东及欧洲，很早即作为香料入菜，用于炖饭、炖菜、肉类、海鲜、甜点中。

番红花又名藏红花或西红花，是鸢尾科番红花属，单单听到鸢尾科的植物，就已经觉得高贵非凡了，更何况每一朵花只采用三根细细的花蕊柱头而已，据说要收集大约15万朵花的雌蕊，才能有1千克的番红花，也难怪以前形容番红花有三个世界之最：一是世界上最好最贵的染料；二是世界上最高档的香料；三是世界上最贵的药用植物。是名副其实的“红色黄金”！

番红花原产在波斯，也就是现今的伊朗，产量仍是目前最多，而不是西班牙（产量第二）。西班牙是在公元9世纪由阿拉伯人引进栽种的，其他地方也有少量栽种，在中药材市场中，惯称番红花为西红花或藏红花，而不称番红花，这也就让大家误认为是西班牙或中国西藏所生产的，若说是西班牙所生产进口，倒还能说得过去，若将之误认为是来自西藏地区，就有点乌龙了。

西藏地区并没有栽种藏红花，那为什么又用藏字来命名呢？这是因为当时番红花大多由西班牙或伊朗经印度传入中国西藏，再由西藏转运到内地各处，所以大家就把它称为藏红花或西红花。

起初人们将番红花作为染料及香料之用，其泡制出的汤汁呈金黄色，高贵非凡，曾被誉为帝王之色，在印度也将整朵番红花作为供佛专用的花卉，在中国更将其作为油胭脂（口红），是古代皇后、公主、贵妇人的最爱。但毕竟番红花是一种高贵且稀少的香料，以上说的种种，大概也只专属贵族之用吧！

当然番红花也是高贵的药材，具有活血通络、养血、化瘀止痛、通经的作用，孕妇禁服。

西班牙海鲜饭

材料

A 番红花[①] 3克
海鲜高汤 500毫升

B 橄榄油 80毫升
草虾 12只
（去壳留壳与虾仁分开）

C 洋葱碎 50克
蒜碎 20克
番茄碎 50克
番茄糊 20克
白米 200克

D 淡菜 6颗
三文鱼肉切厚片 200克
中卷切段 1只

E 黄柠檬角 少许
香芹碎 适量

做法

1 取海鲜高汤加热，煮开后放入番红花，浸泡10分钟以上备用。
2 锅内放入橄榄油，炒香虾壳，并挤压虾头使虾膏美味释出后，捞出虾壳丢弃。
3 同锅放入洋葱碎、蒜碎、番茄碎一起炒至香软上色，再加入番茄糊与白米一起翻炒，接着倒入番红花海鲜高汤，用小火炖煮约25分钟。
4 25分钟后摆放上海鲜料D，盖上锅盖继续焖煮5分钟，开盖后放上黄柠檬角、香芹碎装饰即可。

川红花

目前市面上大概有三种红花，除了鸢尾科的番红花，还有一种菊科的“川红花”，是药铺大宗也较常用的一种，川红花只单纯入药用，并不入菜，两者价格相差近500倍。第三种就是经染色过的假番红花了，两者外观虽然相似，但有经验的还是一眼即可看出差异，泡出的汤汁颜色也不太一样，番红花的茶汤为金黄色，假的番红花茶汤则较偏橘色，香气也不同，仅是外观相似罢了。

假番红花之所以会出现，是因为真正的番红花价格过于高昂，所以不法商人为了牟取暴利，以假乱真，不过也因为没有实际效果，现今市面上假番红花出现的概率也越来越小了。

① 番红花：活血祛瘀，散郁开结。月经过多及孕妇忌用。

紫草

具有凉血、活血、清热、解毒、透疹之功效

［别名］硬紫草、软紫草

[**主要产地**]　中国为主要产地。

[**挑选**]　色泽呈明显深紫色。

[**保存**]　紫草一般以常温保存，并无特别需注意之处，只需避免受潮即可。

[**风味**]　紫草性寒，是调整色泽的首选，是麻辣锅、麻辣烫等复合香料中必备的一味。能将燥热的辣锅调整成温和不燥，并可让汤汁色泽看起来红亮、美味。

紫草堪称是天然染色剂的“始祖”。在各式防蚊虫药膏或刀伤、火烫伤药都尚未普及之前，老祖宗早就在使用紫草了。

“紫云膏”这一名词虽然古老，但也仍出现在现今的日常生活中，因为有着抗菌、活血、凉血的效果，所以由紫草、当归、亚麻籽油及蜂蜡所熬煮成药膏，这带着紫色的药剂，从古到今，不管是在对付蚊虫咬伤，还是刀伤、火烫伤方面，一直有着稳固的地位。

也因为本身有着深紫色且带着寒凉属性，再加上有天然的防腐及去腥效果，所以在常见的卤水中，既扮演着防腐去腥的角色，也同时具有上色及调性味的效果。

在大家所喜爱的麻辣锅香料中，常出现紫草同时与辣椒相辅相成，扮演着为美味增添色泽的重要角色。

酸 苦 甘 涩 辛 咸 凉 麻

姜黄

炸鸡上色最佳利器

[别名] 黄姜、黄丝、郁金

[主要产地] 印度、印度尼西亚及中国为主要产地。

[挑选] 色泽明亮呈正黄色或橘黄红色。

[保存] 一般新鲜的姜黄，冷藏即可保存一段期间；若是干燥的姜黄片或姜黄粉，只需常温保存。

姜黄这个原产于热带及亚热带地区的植物，在3000年前早已被印度这个文明古国所使用，当药用也当香料用，是纯天然的染色剂，更是近年来被追捧的养生圣品。

姜黄、孜然与芫荽子，又被称为咖喱三宝！所以每每提到咖喱，人们第一个联想到的便是将咖喱染成黄色的姜黄。

在食品的天然染色剂中，姜黄的染色效果极佳，是少数穿透力强而不易褪色的天然染料，不管是外国传入的印度咖喱，还是本地古早味的粉粿，或者传统菜色盐焗鸡，就连大小朋友都爱的炸鸡，为了使商品卖相更好，姜黄扮演的角色也不缺席！

姜黄有效成分是脂溶性的，所以在使用上，通常建议与有油脂的食材一同烹饪。新鲜姜黄适合直接入菜；干燥姜黄片，通常研磨成粉状，方便与其他香料一同搭配。

姜黄三杯鸡

材料

仿土鸡　半只
鲜姜黄　100克
蒜头　20粒
葱　2根
罗勒　少许
亚麻籽油　50毫升
酱油　70 毫升
米酒　1杯
冰糖　适量
水　适量

做法

1. 鸡肉洗净切块，沥干或擦干水；蒜头脱膜。
2. 起一油锅，先将鸡肉及蒜粒过油微炸一下，沥干油。
3. 鲜姜黄切片，葱切段，罗勒取叶备用。
4. 另起一油锅，倒入亚麻籽油并先煸炒姜黄片，待香气出来后，再加入鸡肉，炒至鸡肉半熟。
5. 加入酱油、米酒、蒜粒、冰糖与适量的水，盖上锅盖焖煮。
6. 期间偶尔翻炒一下，以便均匀入味。
7. 待收汁之后，加入葱段及罗勒翻炒一下，即可起锅。

美味小秘诀

鸡肉油炸后再炒，会让鸡肉更紧实、更有嚼劲；蒜头油炸后更能保持颗粒原状，也可不经油炸直接入锅炒制。

◆ 脆皮炸鸡翅

材料

三节翅　约1千克
蒜仁　30克
全蛋液　2颗
米酒　50 毫升
低筋面粉　60克
胡椒盐　适量

香料

姜黄粉　3克
肉桂粉　5克
五香粉　3克
香蒜粉　15克
胡椒粉　5克
盐　3克

调味料

低筋面粉　150克
吉士粉　60克
红薯粉　25克
黏米粉　15克
香蒜粉　6克

做法

1 鸡翅清洗干净后，泡入浓度为1%的盐水中20～30分钟，沥干备用。
2 蒜仁、全蛋液、米酒用果汁机打匀。
3 将所有香料粉拌入步骤2，调成腌肉酱。
4 将鸡翅拌入腌肉酱，均匀吸附酱汁，冷藏一个晚上入味。
5 将调味料拌匀，调成脆皮粉备用。
6 腌制入味的鸡腿肉，先拌入60克低筋面粉，静置3分钟，增加黏稠度。
7 均匀裹上脆皮粉后，稍稍回潮一下，即可入160～170℃油锅，小火维持油温6～8分钟即可出锅。
8 撒上适量胡椒盐即可。

《 美味小秘诀 》

- 将鸡翅清洗干净后，先泡入盐水中，可让炸出来的鸡翅更加入味。
- 腌肉酱加入少许的姜黄粉，可以使炸鸡翅色泽更加漂亮。

2-2 异香作用

臭豆腐闻起来很臭，但经过高温油炸产生的物理化学变化，吃起来就不再是臭的了！不单单是臭豆腐、臭鳜鱼、螺蛳粉……各地美食其实都有类似的经验法则。

所以，香料也有相类似的用法，闻起来或许真臭又或是假臭，用异味来达到增香的用法，也是其中一种。每个人对于气味的诠释不尽相同，但追求美味的目标却是一致的。

甘松香
阿魏

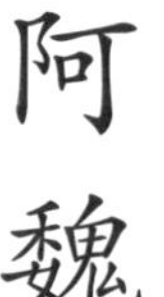

阿魏

五味杂陈难以形容的一种香料

[别名] 熏渠、哈昔泥

[主要产地] 西亚地区和中国新疆。

[挑选] 无杂质，气味犹如发酵的蒜头及葱烂味。

[保存] 由于阿魏的气味相当重，所以块状的阿魏胶或阿魏粉在保存时，尽量用密封瓶或数层密封袋封存，以免气味外溢，影响其他食材或香料的香气。

[风味] 阿魏常用于海鲜与咖喱；对于海鲜有不错的去腥作用，而加入咖喱配方与其他香料混合后，味道会变得柔和许多。

古语有言："黄芩无假，阿魏无真"——但却有真臭！

黄芩的价格很便宜，所以不会有假货，但真阿魏难寻，所以到处都有假货，因早期阿魏都是从中亚进口，中原一带并无出产，当时因交通不便，再加上路途遥远，假阿魏特别多，拿其他树脂类的物品来欺骗消费者，也就时有所闻。不过真的阿魏却有真臭，也能抑制其他的臭味，这大概就是以毒攻毒吧。

不过我们却发现，其实阿魏在印度咖喱香料中并不陌生，运用的概率也不算低，不过在中式香料里，甚少见到其踪迹，究其原因，还是其散发出的独特气味（或说是臭味）。

大家都说阿魏很臭！阿魏的味道，就像烂韭菜、烂葱及烂大蒜的综合体，至于臭不臭，则是见仁见智。

就如我们常吃的臭豆腐一般，闻起来够臭，但一经油炸、清蒸或其他烹调方法之后，入口的感受便截然不同。阿魏的特性是，一经高温，或经过热油煸炒后，原本烂韭菜、烂葱及烂大蒜的味道，就会转变成葱香及蒜香味了，或和其他香料重新组合之后，香气的呈现也会令人耳目一新。

以前有逐臭之夫，现代人何尝不是如此！所以，臭豆腐、鱼露，是香、是臭，你说呢？臭与香，其实就在一线之隔。

阿魏肉排

材料

猪梅花肉　200克
中筋面粉　100克
蛋黄　2颗
面包粉　100克

腌渍料

阿魏　2克
红腐乳　15克
白糖　3克
绍兴酒　30克
胡椒粉　少许
味精　少许

做法

1 阿魏磨成粉，加入红腐乳、白糖、绍兴酒、胡椒粉、味精拌均匀备用。
2 猪梅花肉切片，敲打松弛，与腌渍料拌匀腌1小时。
3 取出腌渍好的猪排，依序粘上面粉、蛋黄、面包粉。
4 用180℃的热油炸约2.5分钟后取出即可。

甘松香

令人爱恨分明的一种香料

[别名] 匙叶甘松

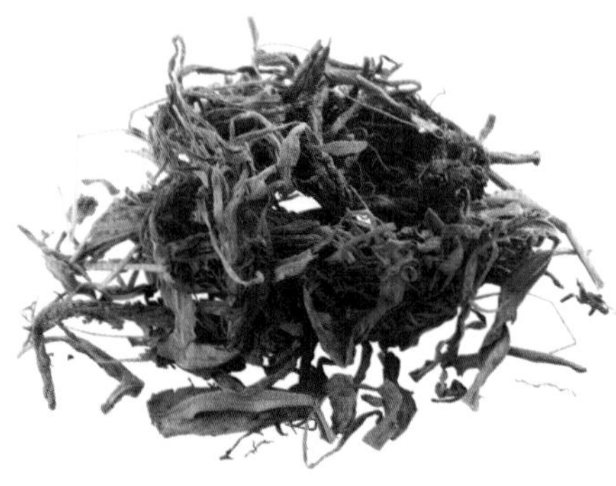

[主要产地] 甘肃、青海、四川为主要产地。

[挑选] 麝香味或松节油味道明显。

[保存] 常温放置阴凉处保存即可；但要注意多套几层塑胶袋，以免气味外泄，一般人可能会不习惯这种香气。

[风味] 全株植物具有强烈的像是松节油混合麝香的香气。常用于甘草瓜子、卤包、麻辣锅中，少量使用可带来画龙点睛的层次感。

有麝香味，也有人说是狐臭味的草——甘松香，全株植物具有强烈的像松节油加麝香所混合的香气，由于香气浓烈，喜爱这气味的，会觉得是香气浓郁，不喜欢的，则觉得这气味非常臭。让人爱恨分明，有着如此特殊气味的香料，应该无法与年节应景零食——瓜子有所关联才是。

甘松香作为香料，很少单独使用，也不常被使用，不过在我家药铺中，甘松香算是成名较早的一员。家父早年为某大型食品厂研发的甘草瓜子，其香料配方中，甘松香和甘草是并列的两大重要成分，甘草虽然带有甜味及甘味，不过香气却略显薄弱，由于甘松香的气味浓郁，虽然分量不大，却可以弥补甘草在香气上的不足，再综合其他香气，具有画龙点睛的效果！可以说是一种奇妙的搭配。

甘松香早期并不常作为香料使用，最可能出现的香料配方中，就属复合香料——大家耳熟能详的百草粉了，但由于川式烹饪及麻辣锅在台湾的兴起，目前的火锅香料配方中，甘松香也常和灵香草、排草一起出现，尤其是近年来的麻辣锅香料，已算是常见的基本香料。这三种香料由于常在香料配方中一起结伴出现，所以也号称香料界的“三兄弟”，为近年来的新兴香料。

除了作为香料，甘松香也被运用在汉方面膜粉中，慈禧太后爱用的玉容散中，甘松香也是成员之一；而在近年来夏季流行的环保驱虫包中，甘松香也借着它的独特气味而占有一席之地。

2-3 苦涩抑腥增香

用苦味来增加香气的层次感，用苦味来去除或压抑食材本身的气味，或是用苦味为原食物增添风味，不管是嗅觉所表现出的气味，或是味觉所感受到的风味，能锦上添花也好，能画龙点睛更棒，都是这类香料想尽的另一种本分。

木香
白果
五加皮
一口钟

木香

麻辣锅的秘密武器

［别名］蜜香、广木香、云木香

［主要产地］印度、巴基斯坦；中国云南、广东、广西、四川等地。

［挑选］苦味明显，但以香气带有一丝丝蜜香者为佳。

［保存］常温保存即可。

［风味］木香很苦（老木香甚至比黄连更苦），带有淡淡蜜香气味，温中和胃，用量不需多，若比例拿捏得当，汤头会很有层次。主要用于提香、不取其苦，是偏重药材香味浓郁型麻辣锅汤头里的必备香料。

明朝的李时珍说木香香气如蜜，所以也称为蜜香，这也就是为什么说木香是麻辣锅的秘密武器了！不过，虽然说香气如蜜，也就仅止于用闻的而已，因为木香尝起来却是苦的。

木香目前在台湾，大部分还是偏重在药用市场，香料的运用上，虽然也常出现在一些复合香料中，但由于木香带有一股非常明显的苦味，虽然有着提香作用，但稍有不慎，就容易带出明显的苦味，所以它常常会被忽略，或是干脆舍弃不用，实在有点可惜。

我曾对目前台湾现有的麻辣锅香料组合及香气，粗分为三大类，即药香型、卤香型及混合型。而在药香型的麻辣火锅中，这种偏重药材香味及浓郁的汤头，木香是除了常见的当归、川芎这类偏药膳型的香料外，必备的配方之一。

› 菊科草本植物多年生的木香或川木香，为风毛菊属或川木香属干燥的根，而另一种青木香，属于马兜铃科，因含有马兜铃酸，长期使用会损及肝肾功能，现已明文禁止使用，所以在此介绍的木香，均属菊科植物的木香，使用上安全无虞。

一口钟

形如其名的香料

［别名］红喇叭花

［主要产地］ 云南、广西、四川为主要产地。

［挑选］ 无霉味或陈味。

［保存］ 常温保存，避免受潮即可。

［风味］ 多运用其苦涩味，有去除肉类腥味的作用。

一种快被遗忘的香料，在台湾几乎不见人使用，甚至极大部分的人连听都没听过，更别说见过这种香料了，但在大陆的卤水中，偶尔会出现其踪迹，不过倒不是为了卤水的增香使用，反倒是利用其本身苦涩的特性，来压制肉类的腥膻味，对于增香基本上是没有作用的。

但也就是因为被替代性高，所以这香料在市场上出现的概率就越来越小，目前仅在大陆一些大型的干货市场上能见到，而台湾几乎不见其踪影，也就被大多数的人忘记曾经有过这样的一种辛香料了。

第一次接触一口钟这香料，应该是在十余年前，在成都的五块石市场所见到的，由于成都位于大陆东西交会之处，所汇集及所使用的中式香料种类，大概是两岸各城市中，种类最丰富也最多的。在成都的大型香料市场，可以收集到不下六七十种的各式香料，所以在这十余年的教学之中，成都的香料市场，大概是我每年必定拜访之处。

由于一口钟的外形特殊，让人很难不对它产生兴趣，但出了四川，一口钟的出现概率相对就较小了，这与四川地理的特殊性、饮食及食材的多样化是分不开的。对于一些平常少见或是少听到的辛香料，在这均能找到相对应的用途及出处。

酸
苦
甘
涩
辛
咸
凉
麻

五加皮

被年轻朋友遗忘的养生药酒

［别名］南五加皮、五谷皮

［主要产地］湖北、河南、安徽等地。

［挑选］无霉味或陈味。

［保存］一般以常温保存，并无特别需注意之处，只需避免受潮即可。

说到五加皮，很难不联想到广告词说的一种药酒，但现今的年轻朋友可能早就忘了，真的还有这款养生药酒的存在，而这类药酒，不限于一种配方，而是有多种组合，大致上可分为滋补或舒筋活血。

滋补好喝的药酒，通常会加入一些甜味好入口的药材；而舒筋活血的药材，一般偏向带有酸涩的味道，所以泡制出的药酒，也较难入喉。虽是一种老药酒，却不是年轻朋友有兴趣的那一种。

用药酒养生，还存留在老药铺的记忆当中，却不是这一代的共同回忆。

五加皮的使用，多半还是作为药材，由于本身不带香气或特殊气味，只有苦味与涩味，之前曾提到，台湾的香料使用习惯，多半以增香为主，对于去除或抑制腥味的香料着墨较少，这与我们使用的食材当然有着密不可分的关系。

而五加皮作为香料使用时，虽没有太明显的增香作用，不过还是被赋予香皮的称号，主要利用其明显苦与涩的味道，来达到抑腥增香的效果，尤其在川味火锅中堪称代表。因炒制麻辣底料，常需使用到大量牛油，而川味火锅中，牛油若是使用进口牛油熬制，就又少了那一股特殊的香气，为了保留特色讲究地道，当地的火锅底料多半还是会选择本地所产的牛油为主。

而本地养殖的牛，牛油中“牛味”偏重，所以在炒制火锅底料时，为了要消除或抑制这类异味，五加皮这类以苦涩来达到抑腥增香效果的香料，就常会被使用；但也要避免过量，否则会导致苦涩味的出现，在用量上要细细斟酌。

白果

近年很流行的保健品

［别名］银杏果、公孙果

［主要产地］ 中国、日本、朝鲜等。

［挑选］ 干燥程度佳且色泽明亮。

［保存］ 白果一般以冷藏保存为佳。生食有微毒，不宜大量生食，宜烹煮后再食用。

这个在中国已使用超过2500年，药食两用的果实，算是一种东方特有植物，在运用上与其说是药材，倒不如当作食材还比较贴切，尤其在中国和日本，简直被当作一种养生食品。

银杏则到17世纪才传入欧洲，由于医学界对于银杏叶的研究越来越多，也证明在某些疾病的治疗及预防上，有一定的成效，所以在近几十年来，西方国家也开始将白果作为食材使用，就连医学界也大量将银杏叶使用在医疗方面。

白果一般不被当作香料来看待，而是当成食材，烹饪的运用方式则相当多元，煮粥、入菜、炖汤、烤食、甜点、蜜饯、酿酒等皆可。不过，白果虽然好吃，但在秋末时，成熟过度白果的果实外皮，因发酵所产生的味道实在不是很好闻，酸酸臭臭的，很难和银杏这么优美的名字联系在一起。

要注意的是，白果应避免生食及大量食用，否则有可能造成中毒的情形发生，需掌握小量及熟食两个原则，就可放心食用。

› 在台湾要见到银杏树的机会并不多，近十余年来，在相关单位的大力推广下，目前在南投鹿谷乡的部分茶园，已可看见成片的银杏林混种在其中，形成一种特殊的景象，相信在未来应该就可吃到真正台湾本地产的白果了。

◆ 白果瘦肉粥

材料

白果　50克
猪肉丝　150克
干银耳　5克
米　200克
葱花　适量

调味料

盐　少许
鸡粉（或味精）少许
胡椒粉　少许
香油　少许

做法

1 白果洗净，猪肉切丝。
2 银耳泡冷水，膨胀后切去蒂头，切成大粗颗粒状。
3 将米一杯洗净后，加2升水和银耳一同煮。
4 用燃气灶煮开后，调至小火继续煮，需不断搅拌以免烧焦，用电炖锅也可。
5 待粥品煮至半熟后，加入白果。
6 最后五分钟加入猪肉丝。
7 熄火前加入盐、鸡粉或味精少许调味。
8 淋上香油，撒上葱花及胡椒粉即可。

《 美味小秘诀 》

- 如果要吃到更滑顺的口感，银耳泡水后，可加少许的水，用果汁机打碎，或切得更碎；或者银耳预先煮熟后，再倒入白米一起煮粥。
- 加入些许银耳可增添滑顺口感，并补充植物性胶原蛋白。
- 若不喜欢白果口感可减少分量，或用莲子代替，制成莲子瘦肉粥。

2-4 调性味作用

在中式香料中，大多数的香料属性，多偏向温性或热性。

随着四季变化，难免会遇到季节与香料使用上性味不符的状况，或是香料整体搭配上产生苦涩的现象，这时就需要借助一些可以调整温热属性的香料，或是改善苦涩味的用法，以及增添甜香气息的香料！

这些性味上的平衡搭配，都是我们在运用中式香料时，必须加以考虑的一个环节。

薄荷
罗汉果
槟榔子
金银花
甘草
菊花

金银花

吉祥富贵的香料

[别名] 双花、忍冬花、银花

[主要产地] 中国、日本、朝鲜等均有。

[挑选] 香气清香，金银色泽明亮，无暗沉色。

[保存] 以常温保存，避免受潮即可；若要长时间保存，建议密封冷藏为佳。

因为属性寒，有清热解毒，抗菌消炎的药效，所以当年在“SARS”期间，金银花与板蓝根同时声名大噪！

这个有着富贵名字的香料药材，因为开花时，初起为白色，慢慢成熟后转黄色，也同时能在同一植株上见到这两种颜色，所以称金银花。

金银花有着清热解毒、消暑的效用，是常见的感冒用药，也因属性偏寒，能消肿痛，所以也算是天然消炎药的一种。日常生活中也被用来与水蒸馏成金银花露，当成夏季清热解暑解渴的保健茶饮，或是萃取精油使用。

另外这几年夏季流行的天然驱蚊香料包中，也常与甘松香、艾草等一同搭配使用。再就是利用其寒性的特点，在复合香料中常用来调整整体的香料属性。

金银花红枣茶

在夏季，总会出现众多的饮品，来消除炎炎夏日的酷暑感，不管是传统的青草茶，还是火锅必备的凉茶及乌梅汤，都是以凉性辛香料为出发点，来中和偏温热食材，或是降火气。

在讲究茶饮的口感之时，又难免在无形中摄取过多的糖类，如果以红枣自然所带出的微微甜味以及微微补气效果，加上金银花来降火气，既能消暑又不用担心摄取太多糖，是夏季另一种不错的茶饮选择！

材料

金银花　3克
红枣　5粒
水　1.2升

做法

1. 将所有材料用清水洗去灰尘。红枣剥开。
2. 起一锅水放入所有材料，开火煮开。
3. 调至小火继续煮15分钟，熄火过滤即可。

《美味小秘诀》

- 红枣剥开后再熬煮，可减少熬煮时间。

BETEL NUT

酸 苦 甘 涩 辛 咸 凉 麻

槟榔子

在热带地区被当成水果看待

[别名] 大腹子

[主要产地] 热带及亚热带国家。

[挑选] 纹路明显。

[保存] 槟榔子一般以常温保存，并无特别需注意之处，只要避免受潮即可。

[应用] 常用于肉类的卤水配方，有去腥味、杀菌作用，能让卤水的保存性更好。

这个盛产于热带及亚热带的植物种子，不单单在台湾被当成经济作物看待，在其他地方也一样。

台湾多半是将槟榔子当成水果来看，而在大陆的一些超市中，则能看到槟榔所制成的各种口味果干，常被当作御寒或提神的零食。

但在传统医学中，槟榔可分成两种药材，槟榔外壳也就是大腹皮，另一种则为槟榔成熟后里面的种子，也就是这里所提到的槟榔子，被当作消食、利水、驱虫用药。

也因为槟榔中所含的槟榔碱，有杀菌的效果，所以让卤水能有相对好的保存效果，而且也可去除异味，所以常用于卤制内脏或其他肉类食材的卤水中，另外，在香料中则可起到一种去除腥味、让整体味道调和的作用。

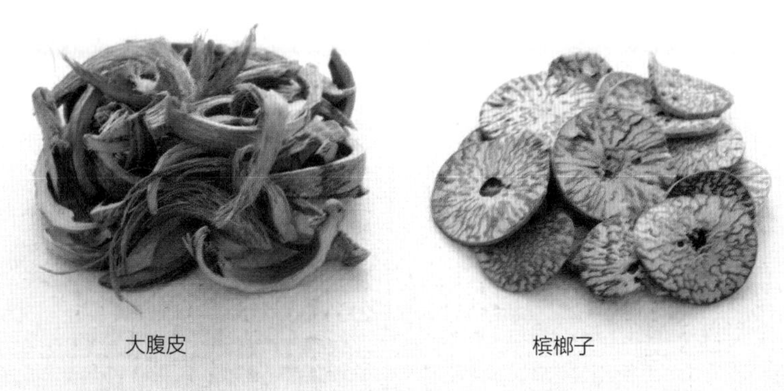

大腹皮：成熟的槟榔外壳，很难与水果相联系，但在大陆的商品架上，不难发现被制作成各种口味的槟榔零食，具有提神醒脑的作用。
槟榔子：成熟槟榔里的子，干燥切片而成，既被当成利气利水的药材，在中式香料界的使用上，也有自己的另一片天。

MINT

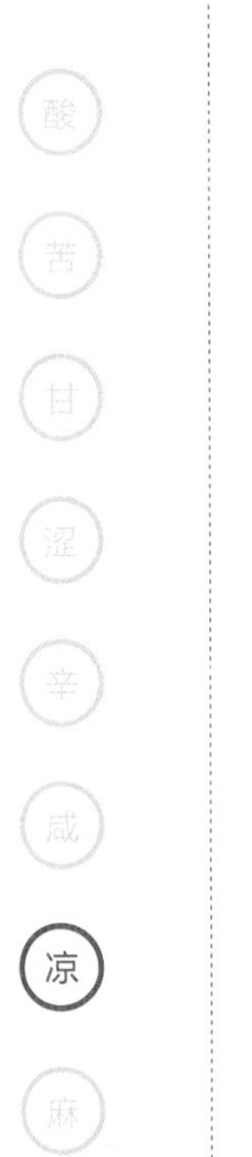

清凉降火最常用

［别名］夜息香

［主要产地］中国和印度为主要产地。

［挑选］辛凉、清香感明显，无陈味。

［保存］一般以常温保存，并无特别需注意之处，只需避免受潮即可。

［风味］新鲜薄荷在欧美为芳香植物，常入菜或香草茶，东方则干燥后入各式凉茶。会与藿香等一起出现在卤水卤包中，取其凉性，将燥热的食材调整成偏温不燥的属性。

麻辣火锅的两个搭配，一个是乌梅汤；另一个就是有着薄荷成分的降火青草茶饮了！

中西有别的使用方式，一样都可以将薄荷当成蔬菜来看待，也同样作为香料使用。西式烹饪饮品常见以新鲜薄荷叶作点缀，中式香料则几乎以熬煮为主，台式青草茶是常见的用法，复合香料中，则是利用其凉性的作用，来调整整体香料的属性。

另一个较大的用途则是萃取精油，既有提神作用，也有驱虫作用。

整体来说，中式香料所说的薄荷草，除少数会被运用在香料上外，最常被使用还是在茶饮这块，也就是清凉去火消暑的凉茶或是青草茶，或是坊间的护肝保健茶饮也常被使用到。

薄荷消暑茶

材料

A
薄荷　15克
菊花　5克
甘草　5克
荷叶　6克
金银花　5克
陈皮　3克

B
水　2升
冰糖适量

做法

1 将材料A用清水洗去灰尘。
2 起一锅水，放入材料A开火煮开。
3 调至小火继续煮20分钟，熄火后过滤。
4 加入适量冰糖，冷却后冷藏即可。

薄荷羊肉

材料

羊肩排　1副
海盐　3克
迷迭香　2克
蒜片　10克
红酒　30毫升
薄荷梗　适量

薄荷酱

烫过杀青的薄荷叶　100克
米糠油　100毫升
糖水　100毫升
盐　2克

做法

1 羊肩排去除筋膜后，与所有材料一起搓揉腌渍一晚。
2 薄荷去梗取叶，煮一锅热水，旁边备用冰块，薄荷叶分次杀青速入冷水冰镇，挤干水分备用。
3 依序适量取少许薄荷叶放入果汁机，加入米糠油、糖水搅打均匀，最后用盐调味。
4 取出羊肩排，抹除腌渍物，放入热锅煎至表面金黄，放入180℃烤箱烤18分钟后，取出静置5分钟。
5 切开煎好的羊肩排，与薄荷酱搭配食用。

CHRYSANTHEMUM

酸
苦
甘
涩
辛
咸
凉
麻

菊花

与枸杞搭配护眼好

[别名] 黄华、秋菊

[主要产地] 河南、安徽、浙江、台湾为主要产地。

[挑选] 花朵完整、香气清香，无霉味或酸味。使用前建议先用热开水冲洗一下、去除灰尘较为妥当。

[保存] 通常以常温保存，若要长时间保存，建议先以密封袋包装后，再放至冷藏，可延长保存期限，并减缓香气挥发的速度。

翻着一张张儿时黑白的老照片，照片中的祖母永远都梳着包包头，也永远都是旗袍式的连身服，仔细看，会发现祖母以前所拍的照片中，身旁都会出现一盆盆亲手栽种的菊花。

菊花，是祖母的最爱，记忆中，家中的老药铺还是平房时，祖母总是爱在一旁的花圃种些花花草草，每年清明节过后，祖母都会将去年已开过的菊花，重新剪下成为一截一截，再插进另一盆栽中，以便在来年的春节，家中会有一盆盆盛开的菊花，年年如此，不曾间断过。

说到枸杞的“好朋友”，大家一定都知道，肯定就是菊花。在古代，文人雅士爱花，不管是牡丹或芍药，当然也爱菊花，说什么也要附庸风雅一番，三五不时还要来杯菊花茶，保护眼睛。除了喝菊花茶外，也将菊花、枸杞等药材蜜成丸，以便带在身边，随时能护眼，总之有关眼睛的事，通通都交给菊花了。

而现代人除了爱赏花，爱喝菊花茶来清清炎夏的暑热外，也将菊花带入菜肴，变化成菊花宴，更将菊花做成台湾人最爱的火锅！从古至今，大家对菊花的运用，随着时代进步也有了更丰富的变化。

不仅如此，也常利用其性味偏凉，将其当成调整温热属性的香料。在台湾，菊花算是一种经济作物。

菊花果冻

材料

菊花　5克

温水　2升

明胶片　5片

做法

1 明胶片泡冰水软化；菊花加入温水泡出味道。

2 明胶片取出挤干，菊花水加热至略开就关火，加入明胶片溶解。

3 将步骤2倒入模具冷却，放入冰箱2小时。

2-5 甜味作用

在中式香料烹饪中，尤其是药膳料理，因为配方常包含多种香料或药膳药材，而这些材料本身或多或少都带有一股或淡或浓的苦涩感，所以更常借助这类有甜味的辛香料或药膳药材，来调整整体的烹饪风味，使其更加美味顺口。

罗汉果
枸杞
黄芪
甘草
红枣

酸

苦

甘

涩

辛

咸

凉

麻

枸杞

快被当成零食的一种辛香料

[别名] 杞子、地骨子、血杞子

[主要产地] 甘肃、青海、宁夏、新疆为主要产地。

[挑选] 果粒硕大饱满，干燥程度佳，色泽均匀红亮。

[保存] 一般以冷藏为宜。

[风味] 性平、味道清甜，配色、调味或炖药、入茶饮都适用。不宜久煮，或在烹饪最后阶段加入，避免带出酸味。

你嘴馋了吗？来几粒枸杞吧！近年来，越来越多人将枸杞也当作零食。在亚洲，枸杞算是一种非常常见的中药材（或保健食品、零食），而西方国家对枸杞原本是一无所知，但在有心人的推广下，开始被当作是保健干果，由于甜度不高，食用方便且又含有各种营养元素，在西方国家接受度颇高，枸杞的知名度也就渐渐提高了。

枸杞富含多糖、氨基酸及二十多种微量元素，其药、食、美容、保健价值颇高，在传统中医中，很早就有枸杞养生的说法，认为常服食枸杞，能滋补肝肾、益精明目、养血、增强免疫力，除当作药材使用外，更普遍的是作为药膳入菜，以及变化成各式保健商品，甚至作为饮料或酿酒工业的基础原料。

在台湾，由于气候与土壤等方面的因素，仅有极少量的栽种，产量极少，市面上所购买到的枸杞几乎都是进口的，一些号称本地所生产的枸杞，十之八九都是用进口枸杞所假装的，这点不可不知。

讲究药食同源的我们知道，食补在生活中无所不在，从简单的一碗药膳排骨，到昂贵无比的冬虫夏草鸡汤，都是日常饮食的一部分，且都看得到枸杞的踪影。枸杞很容易出味，但也容易产生酸味，所以在使用时，建议在汤品或炖品完成时最后阶段再加入，以避免酸味出现。

目前在菜市场或超市中，有时可看见一种名为日本枸杞菜的蔬菜，这并不是枸杞的叶子，而是另一种植物。

日本枸杞菜

日本枸杞菜也称宽叶十万错、赤道樱草，是爵床科多年生灌木状草本植物，花为紫色，原产于非洲及南亚，也算是一种新兴的蔬菜，目前在市场中及野地均常见。

当归枸杞酒（泡制）

材料

当归　15克
枸杞　20克
米酒　1瓶

做法

1 当归、枸杞用米酒洗去灰尘。
2 将当归、枸杞放进米酒中。
3 浸泡一周即可使用。

在台湾的本地小吃中，尤其是众多的汤汤水水，常见最后以香菜、胡椒粉来提香气，有的是单独使用，有的是混合使用，为小吃增加更有层次感的香气，也不乏滴上少许米酒来增加酒香的，如四神汤、羊肉汤、当归鸭……

这时，如果换成当归枸杞酒，来替代米酒的角色，更能画龙点睛，为汤品带来加分的美味。

红枣

是水果也是零食的辛香料

［别名］干枣、枣子、大枣

［主要产地］原产中国。

［挑选］依品种不同，果粒外观有明显差异性，以颗粒完整无发霉为佳，宜选干燥程度好，果香甜味明显。若为去子红枣，注意不要选择颜色过于鲜艳或有刺鼻味的红枣，以免买到熏硫黄的去子红枣。

［保存］保存时应放置冷藏。

红枣，是水果也是零食，更是中药材！

它虽不大，不过用途却不小，红枣存在于我们的历史已超过2000年，而在我国最早的医学专著《神农本草经》中将其列为上品，就现代科学研究表明，红枣除了有丰富的营养成分外，最为特别的是，新鲜红枣中的维生素C，是所有水果中含量最高的，堪称“百果之王”，有天然维生素丸的称号！也难怪我们的祖先在千百年前早就将它列为五果之王！

红枣顾名思义就是果实成熟时，会成红色，所以称之为红枣，也称作大枣，不过大枣依加工方式的不同，而有红枣、黑枣之分。

红枣是采收后的枣子，经晒干即可；黑枣则是经沸水煮沸氽烫后，再用熏焙方式焙至枣皮变成黑色而成。一般若作为配方之用，通常选用红枣；若作滋补药之用，大多选用黑枣。

红枣千百年来，在华人地区一直很红，也长驱直入地进驻在平常百姓家的冰箱中，不管是守护家人健康的养生茶饮，或是妈妈拿手的药膳炖品，还是各大餐厅的养生烹饪，几乎都可见到红枣，有时还不只是为了养生需求或是增添烹饪美味，更希望为烹饪带来视觉上的效果，红枣、枸杞这类讨喜带有红色又带着甜味的药材，就是最佳配角了！

而这红枣近年来也成为台湾的经济作物之一，是水果也是药材、香料。更加神奇的是，就连现在市面上各种火锅，也将它视为增添视觉效果的配锅香料所不可缺的，似乎有了它，就与养生画上了等号。

银耳露

材料

干银耳　50克
红枣　15粒
枸杞　20克
冰糖　220克
水　3.5升

做法

1 干银耳泡水1小时，膨胀后，剪去蒂根。
2 加水3.5升及红枣，煮开后调至小火继续煮1小时。
3 加冰糖，小火继续煮10分钟。
4 最后再加入枸杞小煮一下即可。

《美味小秘诀》

- 枸杞宜在冰糖加入后再加，因枸杞微酸性，容易影响银耳出胶。
- 银耳宜选购微黄的，不选购偏白的。

罗汉果

几乎无热量的甜味剂

［别名］神仙果、拉汗果、苦瓜、金不换

［主要产地］ 广西。

［挑选］ 外观完整，果粒硕大无破损，轻摇果粒没有撞击声响为佳。

［保存］ 存放至阴凉处即可，应避免受潮。

［风味］ 天然甜味剂，性凉，带有淡淡果香，几乎没有热量。在香料或药膳中多扮演甜味剂的角色，也可调整偏温热的食材，让配方能四季皆宜。

一般人都认为夜唱的好朋友是胖大海，其实罗汉果才是夜唱真正的好朋友！

早先我们对罗汉果的既定印象，大多停留在缓解喉咙痛、声音沙哑，以及在咳嗽清肺、润肠方面具有相当的效果，所以目前也多用在这些地方，尤其是在夜唱拼场时，罗汉果加胖大海更是必备的。

不过当现代医学慢慢地将罗汉果加以抽丝剥茧后，才发现罗汉果的好处还不只如此。根据研究，罗汉果中含有多种抗氧化净化物质，可化解体内新陈代谢而产生的游离基（自由基），防止游离基氧化细胞组织令身体机能失调致病，因此，罗汉果能减缓由氧化而老化的情况，预防老化所产生的病症。

此外，罗汉果更具有降血糖的保健作用，是糖尿病、高血脂、高血压和肥胖患者首选的天然甜味剂及最佳的保健品。

罗汉果经浓缩或萃取后，甜度大约是一般蔗糖的300～400倍，且热量含量极低，会被人体吸收的热量几乎趋于零，比起其他代糖类，如甜菊叶、阿斯巴甜或海藻糖，罗汉果有更多的优点，可以更广泛使用在饮品、汤品、糕点……且带有一股清新的果香味。

若作为香料来看，则因为罗汉果性味偏甘平，常被运用在众多偏温热性的复合香料中，取其调整性味的效果，让整体配方更能达到四季皆宜的程度。

药膳红烧羊肉炉

材料

- 带皮羊肉　1千克
- 老姜　50克
- 辣豆瓣酱　100克
- 黑麻油　50克
- 米酒　1瓶
- 盐　适量
- 水　2.5升
- 各类蔬菜及火锅料

香料

- 罗汉果　5克
- 熟地黄　15克
- 玉竹　15克
- 当归　10克
- 川芎　10克
- 黄芪　10克
- 枸杞　10克
- 何首乌　8克
- 肉桂　5克
- 红枣　5粒
- 桂枝　5克
- 甘草　3克

蘸酱

- 辣豆腐乳酱　1大匙
- 甜豆腐乳酱　1大匙
- 辣豆瓣酱　2大匙
- 赤砂糖　适量
- 黑芝麻油　适量
- 葱花　适量

做法

1. 将香料装进棉布袋中，收口处系紧，但棉布袋里须有空间让香料伸展，以利香料香气能顺利溶出。
2. 带皮羊肉氽烫，老姜切片或拍扁备用。
3. 起一油锅，加入麻油煸香老姜后，再加入辣豆瓣酱一同用小火煸炒。
4. 待辣豆瓣炒出酱香味后，即可加入羊肉继续炒至羊肉表皮变色。
5. 起一锅水，加入香料包、炒香的羊肉及半瓶米酒，炖煮约90分钟。
6. 加入另外半瓶米酒继续煮，至羊肉熟透即可，加入适量的盐做最后调味。
7. 加入蔬菜及各式火锅料煮熟即可。

调制蘸酱

将辣豆腐乳酱、甜豆腐乳酱、辣豆瓣酱、赤砂糖，黑芝麻油一起调匀，再拌入葱花即可。

《 美味小秘诀 》

- 使用罗汉果，可以替代味精或冰糖的使用，让汤底释放出自然的甜味。

酸

甘

甘草

大家公认最调和诸药的香料

［别名］国老、乌拉尔甘草、甜根子、甜草

［主要产地］甘肃、内蒙古、新疆。

［挑选］片状完整，甜味持久，且中心无明显木质化。

［保存］目前在市面上较少成条的甘草根，常见为加工后的甘草片及甘草粉，常温保持干燥即可，甘草粉还是尽量用瓶装保存为宜。

［风味］天然的代糖。以香料出现时是生甘草，用于凉茶、水果、梅子粉中；以蜂蜜炒过则为炙甘草，常用在方剂或补汤中。

甘草有可能是目前运用面最广的香料药材之一！

老祖宗把它当作药用的历史非常悠久，大约在2000多年前就开始使用，认为甘草有调和诸药的效果，所以给它一个“国老”的称号，以彰显它的地位及药用价值，根据非正式的统计，在中医处方中，大约有60％都含有甘草的成分！可见中国古代医家对甘草的使用有多广泛。而在西方，使用甘草的历史虽然没有我们的久，但也有上千年左右。

甘草算是老老少少都知道的香料，也是一种极为普遍的药材，但用途之广，超乎你我的想象，就连在西方医学常用的感冒药水中也是一种重要成分。从老祖宗将它当作药材使用开始，历史不断前进，甘草的使用层面也不断被扩大。到现在，可算是中医药方及香料界的好朋友，什么药方及料理都要加一点来调整一下味道，就连路旁槟榔摊的调料都能看到甘草。

中医药认为，生甘草有着清热解毒、润肺止咳、调和各种药性等特性。所以在传统的中药房中，千百年来甘草一直静静地躺在药柜一角，本分地尽着该有的职责，也一直是药方或是保健药膳的好搭档，并没有太大的变化，不过在食品及相关的加工业还有现代医学中却有着广泛的发展。

就如同甘草的别名一般：甜草、粉草、蜜草、美草……其运用范围极广。由于浓缩后的甘草甜度，是一般砂糖的百倍，所以常被用于替代砂糖的甘味剂，其他像精制糖果、蜜饯腌制、饮料、酒类、烟草调味等，都可见到甘草的存在，甚至在化工及印染业，甘草也用得上，用途之广实在超乎大家的想象。

◆ 古早味番茄切盘

材料

黑叶番茄　3个

蘸酱

酱油　少许
马铃薯淀粉　少许
老姜　适量
白糖粉　少许
甘草粉　少许

做法

1 将酱油与水按1：3的比例混合后煮开，加入少许的马铃薯淀粉勾芡备用。
2 番茄洗净后，切成一口适合的大小摆盘。
3 老姜磨成泥。

调制蘸酱

将老姜泥、甘草粉及糖粉加入煮过的酱油拌匀即可。

黄芪

老祖宗的智慧茶汤

[别名] 绵芪、北芪、晋芪

[主要产地] 内蒙古、河北、甘肃、四川。

[挑选] 大片完整，胶质厚实。

[保存] 密封冷藏保存。

[风味] 性温、味道甘甜，不热不燥又含有黄芪多糖，被认为是能强身健体的香料药材，最常用于养生茶饮与炖品，鸡汤放入几片即能增香增甜。

有的书籍称黄芪为诸药之长，也有其他书籍说是补药之长，不管何种称号，也就是说，黄芪是补中益气药中的首位。

这个长相看起来普普通通的豆科植物根，切片后与我们熟悉的甘草片有点相似，具有补中益气、增强机体免疫功能、利尿、抗衰老、保肝、降压作用、预防感冒等多种好处。

黄芪在家庭厨房中几乎是必备的药膳食材，同时也是老祖宗的智慧流传，红枣、黄芪与枸杞的搭配，说不出处方名称，不管是炖煮汤品或是冲成茶饮来做日常保健，这个在以前没有名称的茶饮，在药铺体系中传承千百年了，直到近年来才被某位医学教授冠名为安迪汤。

市售的黄芪大致分两大类——北芪与晋芪，北芪又称白皮芪，晋芪又称红皮芪。一般药用多以北芪为主；药膳食疗或是茶饮，则用晋芪为多，因为味道较为甘甜，豆腥味也较淡，适合入汤品或茶饮，汤头较为甘甜，所以市售也以晋芪为大宗。

◆ 老祖宗养生茶

材料

- 黄芪　15克
- 红枣　10粒
- 枸杞　20克
- 水　2升

做法

1. 将黄芪、枸杞及红枣用清水洗去灰尘。
2. 起一锅水放入材料，煮开后调至小火继续煮20分钟熄火。
3. 放凉后过滤即可。

黄芪猪心汤（电炖锅版）

材料

猪心　2颗

水　1.5升

香料

黄芪　10克

枸杞　10克

红枣　15克

当归　6克

调味料

盐　适量

当归枸杞酒　适量

做法

1 起一锅水氽烫猪心后，切片备用。

2 香料洗去灰尘。

3 将切片后的猪心、香料及水1.5升放进电炖锅内锅。

4 外锅加一杯水，按下电炖锅开关。

5 待开关跳起后，加入适量盐调味，淋上些许当归枸杞酒即可。

2-6 滋润作用

在炖品中，若没有相对的油脂，汤头总会感到有一股若有似无的涩感，虽不是苦味，但喝起汤来，难免让人觉得不舒服！卤水也是如此，若是动物性食材用量少，做出来的卤味，也似乎少了什么说不上来的味道。

所以，不管是中式炖品或卤水香料，在考量配方组合时，带有滋润性质的辛香料，也会是选项之一。

葫芦巴
火麻仁
芝麻
玉竹

酸 苦 甘 涩 辛 咸 凉 麻

火麻仁

最合法的管制品

[别名] 大麻仁、麻子

[主要产地] 中国各地均产。

[挑选] 果粒硕大均匀，干燥程度佳。

[保存] 炒制过的火麻仁一般在中药房皆可找到，以常温保存避免受潮即可。使用时再用研磨器或料理机研磨成粉。

在香港隔三差五来一杯冰冰凉凉的火麻仁茶，是日常生活中一件再平常不过的事。火麻仁茶，是火麻仁加芝麻，炒香后研磨再加水及糖，所煮出的一款茶饮，现在的都市人，由于生活节奏紧凑，日常作息不正常，常有排便不畅的情形发生，在香港，喝火麻仁茶来改善，清清肠胃，就如同我们喝珍珠奶茶一样平常。

根据记载，火麻仁被我们老祖宗使用的历史，已有2000多年，算是一种便宜又好用的香料药材，常用来调整排便不畅的问题，并用来治疗掉发、乌黑头发等。

火麻仁作为香料，常和芫荽子、香芹子、茴香、豆蔻、肉桂、香叶等，制作成复合香料，用于烘烤、腌渍肉类，或是海鲜去腥、提味之用，有时在咖喱的香料配方中也会出现。

不过，虽然在台湾火麻仁是常见香料，却没有一种具有代表性的料理或复合香料，反而在日本，有一种我们熟悉的调味料——七味粉，火麻仁即是其中的成分，七味粉在日本的地位，应该就像我们的胡椒粉或胡椒盐一样重要吧！

七味粉的主要香气，大致上来自橙皮或陈皮，而基本配料除了辣椒粉及芝麻外，最常见的就是火麻仁，当然各家的配方不同，组成也不会一样，作者也曾见过有些配方会用其他香料来替代火麻仁。七味粉也不一定都是七种香料所组成，有一些配方会比七种还多，这些相类似的香料组合，皆可称为七味粉。

就像我们的五香粉也不一定刚好是五种香料所组成，百草粉也不会是一百种香料，是一样的道理。

日式七味粉

香料

- 辣椒粉　50克
- 陈皮粉　12克
- 大蒜粉　12克
- 白芝麻粒　11克
- 黑芝麻粒　5克
- 火麻仁粒　5克
- 海苔粉　5克
- 花椒粉　5克

做法

将所有香料混合调匀即可。

七味粉嫩鸡胸

材料

- 去皮鸡胸　1块
- 葱　2根
- 蒜头　3瓣
- 开水　600 毫升
- 海盐　10克
- 自制七味粉　适量

做法

1. 葱、蒜头与开水、海盐一起煮开。
2. 放入鸡胸后关火，盖上锅盖，闷15分钟。
3. 取出鸡胸，粘裹适量七味粉后切片即可。

SESAME

芝麻

原粒、榨油皆适宜

［别名］胡麻、油麻、脂麻

［主要产地］ 北非、西亚、东南亚、中国为主要产地。

［挑选］ 香气明显，无陈味或霉味。

［保存］ 市面上的芝麻可分为生熟两种，生芝麻保存需注意避免受潮，保存期限比起熟芝麻要久一些；而熟芝麻购入后，要尽快使用完毕，以免产生哈喇味。

小时候我对于芝麻并无多深刻的记忆，只知道在离家不远的地方，每当入夜后总会有一位老伯伯，推着一台手推车，推车上放了一个特制烤烧饼的缸，他总是在烧饼上铺满芝麻，放入缸内烤，没几分钟就是一个热乎乎带有芝麻香的烧饼了。

长大后随着我对香料及烹饪的更多了解，对于芝麻的认识就不再局限于烧饼上的小颗粒了，原来芝麻它还是一种中药材，也可当作食材来看待，不管是发芽的芝麻芽菜，香喷喷的香油或亚麻籽油，还是标榜可以乌黑头发的芝麻糊，有关芝麻的商品都可以在自家厨房中轻易被发现。

传统中医认为，芝麻可补中益气、滋补五脏、润滑肠胃，还能预防掉发，常吃有乌黑头发的功用。黑芝麻油更是在以前的中药处方制作膏药的过程中占有一席之地，是不可或缺的基剂，如大家耳熟能详的经典药方——紫云膏，便是黑麻油加当归、紫草及石蜡所熬制出来的。

芝麻或许不是每家厨房所必备，但香油或是亚麻籽油，应该就是每个家庭厨房常备的油品了，除了当作一般烹饪或凉拌用油外，它可是我们本地姜母鸭、麻油鸡的基本用料。少了这又香又浓的亚麻籽油，可是做不出这地道的滋味。芝麻还是产妇坐月子的好帮手。

而作为香料的使用上，在常见的川式红油中用于提香，而卤水香料也会将坚果类如花生、核桃及芝麻炒香后加入使用，一来提香，二来增加油润感，降低香料带出的苦涩味。

芝麻自从张骞出使西域带回中原后，千百年来它一直都没变，也一直扮演着健康的角色，只是我们常常会忽略那小小芝麻的重要存在。

姜母鸭

材料

- 红面番鸭（公） 半只（约1千克）
- 老姜 250克
- 黑芝麻油 200 毫升
- 米酒 1瓶
- 盐 少许

香料

（装入棉布袋）

- 山柰 15克
- 枸杞 10克
- 川芎 6克
- 当归 6克
- 黄芪 6克
- 白胡椒 5克
- 肉桂 5克
- 罗汉果 5克
- 桂枝 3克
- 甘草 2克

蘸酱

- 辣豆腐乳酱 1大匙
- 甜豆腐乳酱 2大匙
- 辣豆瓣酱 2大匙
- 赤砂糖 适量
- 黑芝麻油 适量
- 葱花 适量

做法

1 鸭肉剁块汆烫备用。

2 将老姜洗净晾干、切段拍扁，锅内倒入黑芝麻油，小火加热，将老姜煸至微焦香，放入鸭肉续炒，炒至鸭肉半熟。

3 起一锅水，先放入香料包煮滚，煮滚后放入鸭肉及炒过的老姜，加入2/3瓶米酒，转中小火继续煮开约1小时。

4 再加1/3瓶米酒，最后依个人口味加适当盐，再用小火继续煮10分钟。

5 此时可加入个人喜好的蔬菜及火锅料，待熟透后即可食用。

调制蘸酱

将辣豆腐乳酱、甜豆腐乳酱、辣豆瓣酱、赤砂糖、黑麻油一起调匀，再拌入葱花即可。

《 美味小秘诀 》

- 米酒分两次下锅炖煮，可减少米酒使用量，并保留米酒香气。
- 若不喜欢红面番鸭扎实的口感，也可以菜鸭替代，并可缩短烹煮时间。

玉竹

肉骨茶香料的首选

［别名］荧、委萎、女萎

［主要产地］中国中部、南部为主要产地。

［挑选］条状饱满，带明显胶质，入口咀嚼有明显花生香气，且无酸味。选购无硫黄烟熏的玉竹片或玉竹粒，会带有一股自然的香气及微微的花生香，烟熏过的玉竹则有微微刺鼻的酸臭味。

［保存］存放于阴凉处或冷藏即可。

［风味］性味甘平滋补，润燥养颜，能中和燥性食材的属性，是夏季或热带地区各式药膳炖品的常见配角。

说起玉竹这一香料，大概大家第一直觉联想到的就是南洋美食——肉骨茶！

肉骨茶的主角虽是排骨，但若少了玉竹这一味香料，煮出来的汤就不是肉骨茶了。肉骨茶的发明背景，和四川麻辣锅有点相似，只是一个在江边的码头，另一个则在海边的码头，都是当时体力工作者，为了填饱肚子、补充体力所发明出来的。

玉竹在肉骨茶中的地位，就好像花椒之于麻辣锅，也如同药炖排骨中黑黑的熟地黄一样重要，甚至重要性还更高。但相同的是，它们都是华人所研发，也都是以香料为重点的汤品。

玉竹为百合科黄精属，虽然与黄精都是黄精属的植物地下根茎，两者却是不一样的药材；也常见有一些错把尚未炮制过的黄精，当作玉竹来使用的。

带着淡淡花生香气的玉竹，因为性质较为滋润，常被用在炖品中，是药膳常见的滋润型香料，也由于不过于温补，是夏季药膳或热带地区适合使用的香料。

玉竹在药膳中虽常见，却不像当归、枸杞等那么为人所知，以至于常会被忽略了。当它在一般的香料配方出现时，大都是扮演配角，少有当主角的机会，不过在肉骨茶中，却是主角。

由于南洋地处热带，所发展出的肉骨茶，汤品当然不能过于温补与燥热，但又要兼顾滋阴养胃、补充体力，在这种情况下，不寒不燥的玉竹就成为首选！再搭配其他滋润、滋补的香料，如当归、大枣、熟地黄、胡椒等，就逐渐发展成为一道南洋的国民美食了，也堪称经典。

肉骨茶目前在市面上大致分为两类：一为潮州式（也称海南式、白汤），另一为福建式（也称为香式、黑汤）。潮州式的香味比较偏重于胡椒香，福建式的香味则较偏重于药材的香味；至于炖煮肉骨茶都加哪些食材，除了我们熟知的排骨、鸡肉外，腐竹、香菇、内脏、油条等，想吃什么就加什么，基本上是百搭皆宜。

黑汤肉骨茶

材料

- 排骨 1千克
- 蒜头 2~3大球
- （蒜头整粒带膜更香）
- 酱油（调咸淡） 20毫升
- 香菇素蚝油（调酱色） 20毫升
- 白胡椒粉 少许
- 水 2.5升

肉骨茶香料包

- 玉竹 10克
- 熟地黄 10克
- 黄芪 8克
- 枸杞 6克
- 党参 6克
- 川芎 6克
- 当归 5克
- 肉桂 3克
- 桂枝 3克
- 白胡椒 2克
- 甘草 2克

做法

1 排骨汆烫后备用。

2 水开后放入香料包、排骨和蒜头，水开后再转中小火继续煮约40分钟。

3 待排骨软烂后，即可放入酱油及素蚝油调味，再依个人口味斟酌是否加入盐。

4 肉骨茶完成后可撒些胡椒粉增添风味。

《美味小秘诀》

- 整颗不脱膜蒜头，更能增添肉骨茶风味。
- 用酱油及素蚝油替代生抽及老抽调味，更符合本地人的口味。
- 可随个人喜好放入火锅料及蔬菜，更能增加汤品特色。

白汤肉骨茶

材料

- 排骨　1千克
- 蒜头　2~3大球
- （蒜头整粒带膜更香）
- 白胡椒粉　少许
- 盐　适量
- 水　2.5升

肉骨茶香料包

- 白胡椒粒　15克
- 玉竹　15克
- 党参　6克
- 川芎　6克
- 当归　5克
- 肉桂　3克
- 甘草　3克
- 桂枝　3克

做法

1 将白胡椒粒用刀背拍破，连同所有香料，装入棉布袋中。

2 排骨汆烫后备用。

3 水开后放入香料包、排骨和蒜头，水开后再转中小火继续煮约40分钟。

4 待排骨软烂后，依个人口味斟酌加入盐。

5 肉骨茶完成后可撒些胡椒粉增添风味。

《美味小秘诀》

- 整颗不脱膜蒜头，更能增添肉骨茶风味。
- 可随个人喜好放入火锅料及蔬菜，更能增加汤品特色。
- 最后撒入胡椒粉，可增添胡椒香气的层次感。

FENUGREEK

酸 苦 甘 涩 辛 咸 凉 麻

葫芦巴

催乳的神秘香料

[别名] 芸香、香豆、香草

[主要产地] 中东地区、中国。

[挑选] 苦香味明显，无霉味。

[保存] 以常温保存，使用时在炒过后、研磨成粉即可。

[风味] 带有一股特殊的苦味与香味，但经干锅炒制后，就会变成带着枫糖香的神秘气味。加入咖喱，能增加特别的香气，也可用于麻辣锅、百草粉中。

若在前些年，向一般朋友问起葫芦巴，大部分人的回答，应该会说葫芦巴是什么，在这之前，葫芦巴大概都是出现在中药房的药柜中，很少人会将它和香料联系在一起，而这些年互联网疯传的，葫芦巴有着催乳增乳的效果，将葫芦巴详细介绍了一番，并将其视为养生的神奇种子，一时间，葫芦巴在药方方面的询问度明显增加，知名度也大大提升。

在中东烹饪或是印度烹饪中，葫芦巴算是一种常见的香料或是蔬菜，不管是当蔬菜，或将葫芦巴当作香料入菜，这具有苦香味的香料，尝起来带着苦味，但若经干锅炒制后，立马就会转变成带有枫糖香气的神秘气味，有着特殊的魅力。印度咖喱香料中也常见到葫芦巴，它那股特殊的苦味与香味，能为咖喱香料带来奇妙的香气。

欧洲的饮食方式，常将葫芦巴嫩芽做成生菜食用，不过在欧洲，干燥的葫芦巴草，作为饲料的作用则远远大过芽菜食用的价值。

早期葫芦巴在台湾通常作为药材使用，只在少数的复合香料中才可能出现，而现今应用变多了，常会出现在咖喱香料、麻辣锅或百草粉中，只是目前在华人地区，药用的地位还是远大于香料作用。

同时，葫芦巴也作为乳汁少的产妇增加乳汁分泌的天然药物之一。西方人不像华人，坐月子时，少不了各种汤水进补来增加乳汁分泌，西方国家因为没有这种习惯，于是葫芦巴粉就是中东或西方国家产妇增加乳汁分泌常用的天然药物。这也就是为什么近年来，无论东方或西方，将葫芦巴子做成茶饮，都将其视为催乳圣品了！

葫芦巴蛋黄酱

材料

葫芦巴　200克
色拉油　600 毫升
蛋黄　3颗
柠檬汁　少许
海盐　少许

做法

1. 将葫芦巴放入160℃烤箱烤10分钟直至出现香气。
2. 烤过的葫芦巴与色拉油一起煮开后关火，静置一个晚上。
3. 滤出葫芦巴油备用。
4. 取蛋黄与柠檬汁、海盐放入不锈钢盆搅拌均匀，再慢慢将葫芦巴油以细丝状流入不锈钢盆，并快速使之乳化成为蛋黄酱即可。

PEACH GUM

酸
苦
甘
涩
辛
咸
凉
麻

桃胶

平民版的美容圣品

［别名］桃油、桃脂、桃树胶、桃花泪

［主要产地］中国各地均产。

［挑选］呈琥珀色泽，杂质少。

［保存］常温阴凉处保存即可。

［应用］少量即可涨发许多，使用前先泡发8小时以上，挑去细沙杂质，适合与银耳、红枣、莲子等一起炖煮甜品。

桃胶是甜汤专属！早期要吃到这类甜品，大概只有粤式餐厅才看得到、吃得到。在台湾药铺体系中，桃胶算得上是一种冷门商品，询问度一直很低，但是，这两三年来，似乎有一种流行的趋势。

由于近年来燕窝相关商品，不断强打着是爱美朋友必备的旗号，所以这个有着与燕窝相类似的养颜美容效果，且价格亲民的桃胶，迅速在妈妈圈中流行了起来。

桃胶是桃树树皮分泌汁液所黏结而成的黏稠润滑植物性胶质，成分与阿拉伯胶相近，含有高纤维、高植物蛋白，所以号称能让皮肤润泽，辅助润肠，帮助排便，且泡发后的桃胶，膨胀率高，使用量相对少，常与红枣、莲子或银耳搭配，制作成甜品，且做法简单，与干燥的银耳有点相似，是平民版的美容圣品。

不管是补充植物性胶原蛋白，或是用来帮助排便顺畅，由于桃胶尚属于药材的一类，所以在享用这道甜品时，同时也要留意，若在经期时或怀孕期间，要忌口。

◆ 桃胶银耳莲子露

材料

桃胶　30克
银耳　10克
莲子　30克
冰糖　60克
水　1.2升

做法

1　将桃胶放入清水中清洗灰尘，并泡发至涨软，约需8小时。
2　挑去表面杂质，反复清洗干净，再拨分成一口大小适中块状。
3　银耳用清水泡发后，手撕成小块。
4　起一锅水，放入桃胶、银耳与莲子，大火煮开后调至小火继续煮约30分钟。
5　待汤汁变得浓稠后，加入冰糖拌搅溶化即可。

前面几个篇章，从香料的作用上来分类，不管是染色效果大于赋予香气，或是可除异味而没有增香效果，又或者可增加汤头浓郁，吃起来却平淡无味的香料，除了那些香料外，还是有许多富有香气，也常被使用到的辛香料，很难被纳入单一的分类，或是本身性质就无法被归类，毕竟这不是从药材的角度来分类，而是站在烹饪香料的角度来看待，所以最后这个篇章，就要介绍这些日常也常见的其他香料。

排草

很容易被误认为百草粉的单品香料

[别名] 香排香、排香草、香草

[主要产地] 广东、广西、福建为主要产地。

[挑选] 干净程度佳，不带泥沙。

[保存] 一般以常温保存，并无特别需注意之处，只需避免受潮即可。

[风味] 在香料的搭配使用上，习惯性地会与甘松香及灵香草一同出现，虽不是必然，但早已成为一种特别的惯性。常用于麻辣锅、卤水等川式风味的配方中，百草粉里也常见，或用于复合腌渍香料。

市面上有一种常见的复合香料，一般人应该都不陌生，就是百草粉，但却有很多人将百草粉误认为是排草所研磨成粉的，由于念起来的音相近，所以就有了这种误解。

不过在各厂家所生产的百草粉中，一定会将排草列为主要成分，但在使用上，常常会让人摸不着头脑，因为大陆习惯用整株植物，而台湾则常用地下根的部分，也正因如此，常会让人误以为它们是两种不同的香料。

目前在台湾的香料市场中，排草较常使用在四川麻辣锅或卤水等川式口味的香料中，其次就是用于台式百草粉以及一些综合性的腌渍香料中。

百草粉

百草粉是一种概念，并非真的使用一百种香料，取其百字，表示比十三香或卤包更复杂，香气更丰富之意。因此要以花椒、八角或肉桂为首皆可，甚至也可以用小茴香、草果、肉豆蔻，甚至苦味很明显的木香来做创意。

百草粉并无特定规定，只要香料种类够多，香气层次感够丰富，都可以称为百草粉。不过它通常是细粉的形态，用以腌料为主，若是以粗颗粒状或原片香料出现，则可以另外看待成麻辣锅香料。

Lysimachia foenum-graecum

灵香草

增香驱虫两相宜

[别名] 零陵香、广灵香、黄香草、蕙草、满山香

[主要产地] 广东、广西、云南为主要产地。

[挑选] 香气清香且明显。

[保存] 一般以常温保存，并无特别需注意之处，只要避免受潮即可。

[应用] 与甘松香及排草用于麻辣锅时，能让底蕴风味更有层次。

在一般的传统中药房，并不常见灵香草，也较少使用到，甚至大多数的中药房并不会有存货，可见它有多冷门。

不过自从四川麻辣锅在台湾流行后，灵香草的询问度也慢慢增加，知名度越来越高。只是说，早期流传过来的四川麻辣锅配方中，都是一些常见香料，并无太大的变化，但近十几二十年来，四川麻辣锅在台湾落地生根，汤头及香气变得更加本地化，香料配方自然也跟着更加复杂与多样化了。

近年来很多的麻辣锅香料中，常喜欢加入灵香草、排草及甘松香，俗称香料界的“三兄弟”，来增加香气的层次感。但从何时，四川麻辣锅的香料中开始加入这“三兄弟”，并无法确切地知道，不过这倒不令人讶异，因为有香气的辛香料，最后总是会脱颖而出，只能说托四川麻辣锅的福，现在这香料界“三兄弟”，知名度确实提高了不少！

灵香草有着特殊的留香作用，干燥的灵香草，香气可维持数十年之久，而它本身又有防虫、驱虫的作用，是保存书籍、衣物、文件不错的防虫药，香味比起樟脑丸，更清香也更持久；如果使用一段时间后香味降低了，拿出来晒晒太阳即可恢复香气，在防虫用途上，也常和气味更浓的甘松香一起搭配。近年来夏季流行的驱蚊香料包里面，灵香草也是常被使用的天然驱蚊药材。

除上述提到的，灵香草可用在麻辣锅配方、防虫驱虫药、百草粉及卤水中，这种香料还会运用在各项食品、医药及其他工业上，如香水、饮料及香皂等，只是这些较少为人知。

苦

涩

何首乌

乌发黑发的神器

[别名] 夜交藤、紫乌藤

[主要产地] 华中、华南及华东地区为主要产地。

[挑选] 干燥程度佳，色泽褐黑但明亮。

[保存] 尽量到中药房购买，不要在路边选购，以免买到假货；以常温保存即可。

相传在唐朝顺州有一个叫作何田儿的人，年过半百，身体虚弱膝下又无子嗣，有一天在山中看到一种植物，夜间植物的蔓藤会相互交缠，所以就将其根挖起带回家食用，后来身体渐渐变得强健，头发也乌黑亮丽，十年内连生了数个儿子，而他的儿子何延秀也常食用，两人都活到一百六十岁，他的孙子名字叫作何首乌，也活到一百三十多岁！何家人个个头发乌黑亮丽，所以就将此植物命名为何首乌，这大概也是中草药里少数以人名来命名的了。

何首乌，顾名思义就是头发乌黑亮丽的意思。提到何首乌的第一印象，除了既有的医药用途外，应该会联想到黑芝麻，同样能让发质乌黑亮丽，此外，也被广泛运用在各式养生药膳或茶饮之中。

目前台湾的何首乌都是进口的，本地尚无大规模的栽种，主要运用在药物上，其次是日常的养生药膳或是保健茶饮，但近年来，不管是一般家庭、路边摊或餐厅，纷纷吹起一股养生风，所以当作药膳入菜的机会也就大大提高了，无论是耳熟能详的何首乌鸡汤、皇帝鸡汤，或是其他菜肴等，配方变化各家不尽相同，但都以何首乌为主，也都强调何首乌的作用。

除了养生药膳外，茶饮也是目前市面上常见的何首乌商品之一，而此类茶饮品，多半都是强调有养血益肝、强筋骨这类保健功效，或是能预防脱发及增长新发等。

◆ 何首乌鸡汤

材料

仿土鸡　半只
米酒　1杯
枸杞　20克
盐　适量
水　2.5升

香料

何首乌　20克
黄芪　15克
熟地黄　15克
党参　12克
当归　12克
芍药　12克
川芎　12克
肉桂　6克
红枣　5粒
甘草　5克

做法

1 鸡肉汆烫切块。
2 将所有香料装入棉布袋。
3 起一锅水，放入鸡肉及香料包炖煮30分钟。
4 加入1杯米酒及枸杞继续煮5分钟。
5 熄火后再用盐调味即可。

《美味小秘诀》

- 枸杞最后放，可以让汤色泽更好看，也不会因久煮而释出枸杞的酸味。

紫苏

日本料理的最佳搭档

[别名] 白苏、赤苏

[主要产地] 东南亚地区、中国东南部。

[挑选] 色泽明亮且香气明显。

[保存] 新鲜的紫苏叶在保存前，应擦干叶面水分，密封冷藏；干燥的紫苏，通常是连茎叶一起出售，较少见到单独出售紫苏叶，选择香气饱足为佳，常温保存即可。

只要秋风一起，想到肥美的螃蟹，就会想到紫苏叶，或是在日本料理中也常会与生鱼片一同现身，因为螃蟹性寒，要么就是与黄酒一同蒸煮，要不然就是与这个既可以杀菌且又温性的食材一起上场。让这个常用的散热驱寒的中草药，赋予食物更多食用的功能。

新鲜的紫苏叶更可当作蔬菜来使用，不管是炒食或油炸或是作为凉拌菜均适宜，也可当成火锅涮煮或是烤肉的配菜食材，甚至烘焙点心也能使用上。

虽然紫苏因为它的杀菌效果，常与海鲜或河鲜一同烹饪，但不管是新鲜的叶子还是干燥的叶子，都有着更多的功用存在，例如，在中式香料这端，通常是指干燥的整株紫苏而言，除了中式菜肴入菜，或是作为卤水香料使用外，在腌渍物或制作蜜饯时，干燥的紫苏叶也常用来增加香气。

另外，紫苏子也是药材之一，用来榨油，也是一种高档的健康食用油，具有预防高血脂、延缓衰老、降低胆固醇等多种效果。

紫苏梅、红姜片，正是用紫苏腌渍而成，除了抑菌、去腥的作用外，更多了染色作用。

绿紫苏叶，日本料理所谓的“大叶”，常在生鱼片的摆盘中见到，味道清爽，适合用于清爽的料理中。

紫苏奶油鸡

材料

去骨鸡腿肉　350克
紫苏碎　50克
蒜碎　15克
洋葱碎　25克
红葱头末　20克
面粉　适量
黄油　30克
鲜奶油　100 毫升
鸡高汤　100 毫升

调味料

海盐　适量
胡椒　适量
白葡萄酒　50 毫升

做法

1 去骨鸡腿肉用盐、胡椒、白葡萄酒、少量紫苏碎腌渍备用。
2 将腌渍的鸡腿肉裹上少许面粉，放入锅中与黄油一起小火煎香。
3 同锅加入蒜碎、洋葱碎、红葱头末一起拌炒。
4 加入鸡高汤、鲜奶油炖煮至鸡肉熟化。
5 起锅前再加入剩余的紫苏叶碎拌和即可。

檀香

有绿色黄金树的称号

[别名] 浴香

[主要产地] 印度、东南亚地区、澳洲、中国广东为主要产地。

[挑选] 香气明显。

[保存] 一般以常温保存，并无特别需注意之处，只需避免受潮即可。

[应用] 潮式卤包或川式卤包中常出现。

檀香有着绿色黄金树的称号，常常出现在古代人焚香操琴的画面中，既能安静心神，也能怡情养性，还能在端午时节，制成香包作避邪之用。

而这类的相关运用，除了能达到安静心神、怡情养性的作用，其实背后隐藏着另一个预防疾病与治病的功用。

这个原本被当成理气止痛使用的药材，其实很早就广泛地出现于日常生活中。但香料层面的运用，尚有需摸索之处，毕竟与我们的想象有着一段不小的距离。

而在大陆的干货市场，檀香就不是这么难相处了，除了上述的用途之外，也被当成香料来看待并使用，因为它本身有木质香气，且香味深沉、穿透力强，在卤制动物性食材时，常会利用它来提升后味，并去除食材本身的异味，不过提升香气的作用，远大于去除食材异味的作用，只是因为价格颇高，所以限制了它的用途广度罢了。

但在台湾的习惯里，却甚少将其作为香料，而以药用居多，而大多还是以礼佛的案香为主。由此可知，两岸对于某些香料的使用及看法上，还存在极大的差异。

酸 苦 甘 涩 辛 咸 凉 麻

藿香

用于麻辣河鲜有独特香气

[别名] 合香、苍告、山茴香

[主要产地] 华中地区为主要产地。

[挑选] 干燥程度佳且香气明显浓郁。

[保存] 藿香在台湾并无鲜品出售，都以干燥形态出现，一般以常温保存，并无特别需注意之处，只要避免受潮即可。

在中式香料的品项中，有一部分多数人会认为是药材，而不会往香料或是食材上去联想，藿香就是其中之一。

不管是常听到用于中暑、消化不良，或是肠胃型感冒的藿香正气散，或是夏季感冒、拉肚子常用的藿香正气水，在大家既定印象中，还是把它当成药材看待。

因为有着去湿效果和浓郁特殊的香气，再加上可杀菌、除异味，在四川这种因气候环境因素而长年湿气重的地区，自然就衍生出烹饪或是日常香料的运用，常与鱼鲜料理搭配，来去除河鲜中较重的土腥味，这几年麻辣味型广为流行后，藿香也被融入其中，当成是复合香料的一环。也因有着浓郁的气味，天然的防蚊香包中也常使用。

而在台湾，藿香却不曾被入菜或是当成辛香料。大陆的许多地方，由于是藿香产地，因此在当地，更真真实实地成为新鲜食材，甚至被誉为平民的香草，除了我们已知的与河鲜搭配料理，在夏季藿香叶子正嫩时，作为凉拌菜或面食，一样是借助藿香来达到解暑化湿的养生保健效果。

有时地方特产便会衍生出不同的饮食文化，就如藿香这类本地并无种植的，我们对于它就相对无感，若是本地有种植的，如当归、红枣之类，就会自然地成为饮食的一部分。

山楂

乌梅汤的最佳男配角

[别名] 山里红、山里果

[主要产地] 华中及其以北地区，以河南为代表。

[挑选] 外皮色泽红亮，果粒硕大饱满，以去子味佳。选购颜色较偏红的新货为宜。

[保存] 常温保存即可，但应避免受潮。

[风味] 市面上山楂大致可分去子及未去子两种，通常以去子山楂较佳，熬煮起来会较少涩味。

初冬季节，来上一串用新鲜山楂制作的冰糖葫芦，是我这几年在大陆工作经历中，除了乌梅汤外，对山楂另外的记忆点了。

在台湾，一提到山楂，便被联想为减肥、消脂茶的首选，只要在互联网上稍微搜索一下，各式有关山楂的茶饮，多如过江之鲫，大家都爱美，所以往往到夏天时山楂的销量便会大增。除了大量用在茶饮外，也广泛用于制造糖葫芦、山楂饼、山楂糕及其他蜜饯零食上。

小时候，看见大人带着小朋友来家中药铺抓药，小朋友总是怕吃药，尤其更怕那黑黑苦苦的中药，这时祖父或父亲，就会拿出一包包的山楂粒来哄小朋友。我想那也是当时小孩看病才有的专属福利！

说起山楂，一定还要提到麻辣锅的最佳搭配——乌梅汤，山楂虽然不是主角，却是第一男配角，没有山楂的乌梅汤，总少了一种说不出的滋味，山楂可说是最佳绿叶。除此之外，山楂也常因为有软化肉质及去除油腻感的作用，而在卤水中被使用着。

在那物质生活不富裕的年代，娱乐项目不像现在这么多，日常能享用的零食也不多，每当遇到庆典活动，我们这帮小鬼们总爱往戏棚下钻，倒不是爱看戏，而是垂涎戏台下，小贩们的各式各样吃食及玩具，烤鱿鱼、腌芭乐、打弹珠等都是最爱，还有一样今日的主角——腌鸟梨，样子有点像营养不良的梨子，酸甜的滋味，吃过后任谁也忘不了！

山楂桂花乌梅汤

材料

A
- 乌梅　110克
- 甘草　20克
- 山楂　75克
- 陈皮　25克
- 洛神花　15克
- 罗汉果　15克

B
- 桂花　5克
- 赤砂糖　330克
- 冰糖　220克

做法

1 将材料A放入锅中，加8升水，用大火煮开。

2 待开后调至小火继续煮30分钟，熄火放入桂花，闷2小时后过滤。

3 加入赤砂糖、冰糖溶化均匀即可。

4 冷藏保存。

CLOVE

公丁香

天然防腐剂

[别名] 丁子香、雄丁香

[主要产地] 印度尼西亚为主要产地。

[挑选] 香气明显，带浓郁辛辣感。

[保存] 丁香粒宜用密封罐收藏，可避免香气迅速挥发，存放至阴凉处，并避免受潮，放置冷藏可延长保存期限，可存放1~2年；丁香粉用密封瓶存放即可。

[风味] 公丁香味浓，母丁香味淡；烹饪常用的是公丁香，是台式五香粉的基本配料。

早在汉朝时期，丁香就被运用在日常生活中，主要用于清新口气。

丁香原产于印度尼西亚，属桃金娘科丁香属植物，丁香树是一种常绿乔木，花为红色，聚伞花序，花蕾初为白色，后转为红色，此时就可以采收了，果实为长椭圆形，有点像减肥后的草果，称为母丁香。

母丁香虽也是香料的成员之一，但与公丁香相比，香气略逊一筹，也因长期以来，大家习惯性地都使用公丁香，所以一般用到母丁香的机会也就比较少，在台湾的香料市场中几乎找不到，就连在药材市场也难见到，反倒是在大陆的香料市场中不难见到。

丁香的运用面非常广，从一般常见的卤包、五香粉、百草粉，到麻辣锅、咖喱粉，再到惯用的八大味、十三香，都可看到丁香的踪迹，几乎复合的香料组成也都少不了丁香，就连化妆品、香烟再到天然防腐剂，里面都含有丁香。但由于香气过于浓烈、外放，不够内敛，所以用的剂量都不大，也就一直都无法当主角了，相信闻过丁香香味的朋友，一定忘不了它那浓烈的香味。

丁香虽然归类为中式香料，但在历史中是不折不扣的舶来品，原产于印度尼西亚，历史上大概是从唐朝以后才大量从印度尼西亚进口，但为了解决用药的问题，从20世纪50年代左右，海南岛已有大量栽种。

丁香还有另外两种重要的功能：一是当天然的防腐剂；二是作为牙齿的止痛剂。蒜、生姜、花椒、丁香、黑胡椒等许多香辛料的提取物，都有一定的防腐抑菌作用，丁香所萃取出的丁香油也是，可作为天然食品防腐剂，但若作为牙齿的止痛剂，也需要萃取丁香精油来使用，不过丁香精油是一种高浓度的精油，若未稀释直接使用于皮肤，则会造成皮肤过敏，所以我们常见到的是牙医所使用有丁香萃取成分的麻醉止痛剂，并非简单用一粒丁香就能止痛的。

◆ 古早味肉臊

材料

- 猪肉馅　500克
- 红葱头　3颗
- 蒜头　5粒
- 酱油　1杯
- 冰糖　适量
- 水　适量
- 色拉油　少许

香料粉

- 五香粉　3克
- 肉桂粉　3克
- 胡椒粉　2克

做法

1. 红葱头与蒜头切末。
2. 起一油锅，先爆香红葱头末与蒜末。
3. 下猪肉馅及香料粉炒至变色后，再下酱油炒出酱油香味，加冰糖。
4. 加水盖过猪肉馅即可，煮开后，调至小火继续煮1小时。

《 **美味小秘诀** 》

- 若不用新鲜红葱头及蒜头，可用红葱酥替代。

酸

涩

东南亚料理不可少

［别名］香茅草

[**主要产地**] 中国南方和东南亚地区。

[**挑选**] 与东南亚常用鲜香茅品种不同，香茅草外观翠绿，香气淡雅清香。

[**保存**] 干燥香茅草以常温下密封即可；新鲜香茅则用冷藏或扦插水瓶保存。

[**风味**] 鲜品的风味较干品香气更浓郁。

在东南亚烹饪中，香茅的使用程度，大概就如同我们平日所用的八角、胡椒一样普遍。

香茅不是专指一种植物，而是所有的禾本科香茅属中数十种植物的统称，这也就可以解释，为什么在中式香料中所看到的香茅草，其形状与香气，与东南亚烹饪中惯用的新鲜香茅外形不一样，香气也明显淡了许多，因为是不同品种所致，虽然香气淡一些，但气味略同，使用的方式也大同小异。

不同于东南亚烹饪习惯以新鲜香茅入菜，中式香料还是以干燥的香茅叶为大宗，在复合香料中，算是一种常见的香料，卤水、腌料或是入汤品都有。

另外也常被萃取精油，是芳香疗法中用途最广的一种，也可当芳香剂或是防蚊喷剂来使用。

香茅菊花锅汤底

香料

香茅　5克
菊花　2克
月桂叶　3片

材料

胡萝卜　1小条
玉米笋　2支
苹果　半颗
洋葱　半颗
水　2升
盐　适量

做法

1. 将香茅、菊花、月桂叶装入棉布袋中。
2. 胡萝卜洗净切块，玉米笋整支带壳，苹果洗净切块，洋葱切块。
3. 起一锅水将所有材料入锅，大火煮开后，调至小火继续煮40分钟熄火。
4. 过滤出高汤，再放入适量盐调味即可。

《美味小秘诀》

- 汤头清爽带有果香，适合夏季开胃。
- 搭配日式酱油当蘸酱尤佳。
- 这个汤底适合分次涮煮食材，不建议将所有食材煮成一大锅。

海南鸡腿

材料

A
- 米　2杯
- 红葱头　3粒
- 蒜头　4粒
- 鸡油　少许
- 鸡高汤　适量
- 盐　少许

B
- 仿土鸡腿　2支
- 青葱　2根
- 盐　适量

香料

- 白胡椒粒　5克
- 鲜南姜切片　5片
- 花椒粒　2克
- 八角粒　3克
- 山柰　8克
- 鲜香茅　2根

红酱做法

辣椒酱1大匙，与少许蒜泥、盐、糖及柠檬汁拌匀即可。

青酱做法

1 青葱、老姜切细末，拌入少许盐、胡椒盐。

2 色拉油烧热后，趁热拌入葱姜末，加入少许香油即可。

米饭做法

1 鸡油少许，红葱头及蒜头切末，先炒出香气。

2 米洗净后，放入电炖锅，加入鸡高汤，再加入盐少许及炒香的红葱头、蒜末，用电炖锅煮成米饭备用。

海南鸡腿做法

1 鸡腿洗净，均匀抹上盐，放置冷藏4小时入味。

2 起一锅水，加盐，咸度要比平常喝的汤咸3～5倍。

3 鲜香茅洗净拍破，与鸡腿、葱段及其他香料一起放进锅中，开中火煮微开后，调至小火继续煮20分钟，熄火再闷，至筷子能穿插鸡肉为准。

4 捞起鸡腿剁块。

5 米饭、鸡肉、蘸酱摆盘即可。

酸
苦
甘
涩
辛
咸
凉
麻

莲子

不是莲花所生的莲子

[别名] 莲实、藕实

[主要产地] 华中、华东及台湾为主要产地。

[挑选] 干燥程度佳，甜味明显，无霉味或陈味。

[保存] 常温阴凉处保存即可；若是鲜品则冷藏保存。

都说莲子是莲花的种子，但“莲子”正确来说，其实是睡莲科莲属植物莲的种子。莲是一种常见也常用，多用途与多品名的植物，从地下根茎的藕节，到所开的荷花，再到莲蓬，莲蓬里的莲子，甚至于莲子里的莲心，都能当成降火气的中药材使用，就如同先前所提到的桂树一般，全身上下皆可利用。

而莲子，常见于东南亚菜肴，也在华人的餐桌上及传统甜品中经常出现，更是一种常见的中药材，新鲜食材也常入菜，用于粥、甜品，与百合、桂圆、枸杞、山药、芡实搭配使用，是一种咸甜皆宜的食材。

有着健脾止泻、安神养心，利尿、消水肿、清热降火的效果，但也有着止泻收涩特点，平时容易排便不畅和腹胀的朋友在食用上就要适可而止。

莲子分成鲜品及干燥两种，鲜品于采收季6~10月在市场可见，但台湾早期新鲜的莲子并不容易见到，自从白河莲子闯出名号后，再加上冷藏保存的设备发达，以及进口的关系，现在一年四季均可见到，新鲜莲子台湾以白河莲子最负盛名，大陆则以江南产出为最。

而莲子采收后，初秋时节地下成熟的莲藕也就跟着上市了，可用于炖煮汤品或蜜莲藕镶糯米，或做成藕粉，或直接切成薄片涮火锅，用途十分多样化。

在烹煮新鲜莲子时，直接入锅炖煮即可，只要避免外皮破裂即可，吃起来香气淡雅、微微自然甜，松软中带微弹的口感，比起干燥后的莲子更胜一筹！但由于干燥后的莲子易保存，所以目前市面上还是以干燥的莲子居多。

◆ 四神汤

材料

猪小肠　500克
米酒、姜片　适量

四神一份

莲子　40克
山药　30克
茯苓　50克
芡实　30克

调味料

胡椒粒　1小匙（约3克）
（拍破用棉袋装）
当归　1小片
（约3厘米见方或两个指甲片大）
白胡椒粉　适量
盐　适量
当归枸杞酒　适量

做法

1 小肠洗除异味：先用刀刮去表面杂质，然后再将小肠翻面，清洗肠内黏附的脂肪和秽物，用清水洗。
2 用盐反复搓揉，用清水洗净。
3 最后加入一大匙面粉继续搓洗，直到去除异味即可。
4 起一锅水，加入少许米酒及姜片，汆烫小肠后切段备用。
5 起一锅水约2升，放入四神材料、胡椒粒棉袋及当归片与小肠。
6 开大火煮开，调至小火，小肠煮约40分钟。
7 熄火前用盐调味，滴上少许当归枸杞酒提味。
8 再以个人喜好，撒上白胡椒粉增香。

雪莲子

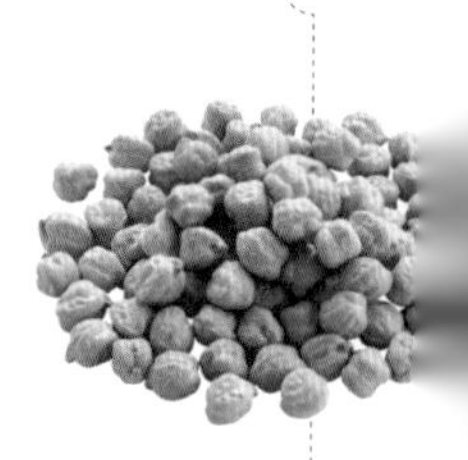

另外有种雪莲子，其实是西式烹饪常用的食材“鹰嘴豆”，也常被制作成零食，因其形状尖如鹰嘴而得名，又称为鸡豆或埃及豆；因为色泽、外观与莲子有点相似，所以就有了雪莲子的称号。

芡实

早期羹汤勾芡的第一选择

［别名］鸡头米

［主要产地］ 中国。

［挑选］ 鲜品：软弹有糯性，微甜。干品：干燥程度佳，颗粒饱满粉性足。

［保存］ 鲜品：冷冻或冷藏保存。干品：常温阴凉处保存即可。

［应用］ 芡实是四神汤中的基本成分，具有健脾、益肾、安神及止泻、去湿作用。

你可曾想过，在红薯粉或是马铃薯粉还没出现的年代，我们所吃的羹汤是用什么粉来勾芡的？有一种长得很像我们小时候吃的蒸豌豆，但口感却是软弹的蔬菜吗？

芡实，在我们传统的小吃四神汤中是基本成分，号称为水中人参，睡莲科芡属草本植物的成熟果实，因为果实的外观很像鸡头，所以又称为鸡头米。具有健脾、益肾、安神及止泻、去湿作用，与莲子相似，常与莲子、山药、茯苓等一同出现在汤品中，也就是大家熟悉的四神汤。

刚采收下来的芡实，在江南也是一道时蔬，夏末初秋时节市场上就能轻易见到，新鲜鸡头米炒制煨煮后，口感软弹，只可惜台湾好像还没见到过。

新鲜与干燥的芡实，口感差异颇大，新鲜时带着微微的甘甜味，而干燥后，质地呈现出黏性，味有微微的涩感。

除了干燥的芡实，与新鲜的鸡头米之外，在早期还没红薯粉与马铃薯粉的年代，芡实的另外一个作用就是研磨成芡粉，用来为羹汤勾芡。

然而目前大多数的四神汤，多半以薏苡仁来替代芡实，而完全忘记薏苡仁在四神汤里其实是一个替代的角色，也似乎这芡实好像从来没在四神汤出现过一样，在多数人的心中，只有薏苡仁的存在，却忘了芡实才是原本四神汤里的基本成分！

COMMON YAM

酸 苦 甘 涩 辛 咸 凉 麻

山药

鲜食熟食两个样

［别名］怀山、淮山、土薯、山薯

［主要产地］ 全球均产，亚热带地区为主要产地。

［挑选］ 鲜品：有沉重感，水分多，也相对新鲜。干品：无酸味为佳。

［保存］ 阴凉通风处或冷藏。

［应用］ 鲜品有整肠、促进肠胃蠕动效果，能帮助排便，食用过多则容易让一部分胃肠敏感的朋友拉肚子；而干品熟食过多，则容易让原本排便不顺畅的朋友，更容易出现便秘的状况。干品在使用上，一般多炖汤，或研磨成粉做成饮品，或是直接食用。

山药不是药，就如同根茎类一样，说是蔬菜应该比较恰当，治病只是附属功能。就像生姜、青葱，古人将它辛辣能发汗的特点拿来治感冒，因而载入医药典籍一般。

中药铺常听见的淮山，就是俗称的山药，而两岸对于山药的加工模式存在着差异。台湾习惯加工斜切成片，大陆除了切成片外，也常见切成小方块。山药有着补中益气，降血脂、促进肠胃蠕动，促进吸收功能，降“三高”，消除疲劳，抗老化的保健效果。

而新鲜山药特殊的黏稠口感，更被誉为养胃圣品，不过药铺体系中还是惯用切片干燥的山药。山药生食与熟食作用差异颇大，生食能较好地保留营养及原味，能整肠、促进肠胃蠕动，吃多会拉肚子，最常见的吃法就是山药磨泥拌饭或是拌成沙拉食用。

而干燥的山药，熟食吃多则容易导致部分朋友排便不顺畅，也就是为什么，早期与现今的药膳食补，用山药搭配其他食材炖煮四神汤来健胃整脾，而达到止泻痢的效果了。

◆ 山药元气粥

材料

- 红枣　10粒
- 白米　250克
- 新鲜山药去皮切丝　200克
- 猪肉切丝　100克
- 高汤　2升

调味料

- 盐　适量
- 胡椒粉　适量
- 葱花　适量

做法

1. 白米洗净。
2. 高汤、红枣、白米一同煮开，调至小火续煮约20分钟。
3. 待白米粥煮好后，加入新鲜山药丝、猪肉丝续煮5分钟。
4. 最后加入盐调味，撒上葱花及胡椒粉提味。

《美味小秘诀》

- 在燃气灶煮粥时，要不时搅拌一下，可避免黏锅或粥汤溢出。
- 也可用电炖锅操作。

酸
苦
甘
涩
辛
咸
凉
麻

茯苓

不同部位，多个名称

［别名］茯苓个、茯苓皮

［主要产地］四川、云南、湖北、安徽为主要产地。

［挑选］干燥程度佳，无刺鼻硫黄味与酸味。

［保存］常温阴凉处保存即可。

［风味］茯苓是四神汤的必用材料之一，为四季皆宜的药膳香料，入甜点或是汤品皆适合。

从前，茯苓采收只能到松科植物的根上去碰碰运气，现今则人工栽培居多。与肉桂树一样，在不同的部位就有不同的名称，菌科真菌茯苓，以寄生形态出现，多寄生在松科植物根上，野生及栽培均有。

有球状或块状，干燥后去外皮切片，或卷成筒状成茯苓卷。茯苓是一种四季皆宜的药膳材料，用于甜点或是汤品皆宜。以现代角度来看，茯苓含有茯苓多糖，可以增强体质、提升免疫力，增加食欲，有利水渗湿利尿，健胃和脾，降血糖止泻等多项好处。

就连传统甜点茯苓糕，都以茯苓粉为基底来制作。虽然现在的茯苓糕，大部分都已用黏米粉替代茯苓粉，但仍不损茯苓糕这个传统糕点的经典所在，除了传统的茯苓糕外，四神汤更是经典用法，其他开胃健脾的养生汤品配方中也时常可见。

但茯苓的球状块茎，不同部位有不同名称，作用也有些许不同；根茎外皮为茯苓皮，皮与白茯苓之间有点赤色的部分就称为赤茯苓，而我们最常用的白茯苓即里面白色的部分，若中间包覆着松根，就为茯神。

茯神

赤茯苓

香料家族

1-1 胡椒家族

香料名称		酸味	苦味	甘味	涩味	辛味	咸味	凉味	麻味
白胡椒	White Peppor					•			
黑胡椒	Black Pepper					•			
绿胡椒	Green Pepper					•			
红胡椒 **胡椒科**	Red Pepper			•		•			
红胡椒 **漆树科**	Red Pepper		•		•	•		•	
长胡椒 **荜拔**	Long Piper				•	•			
甜胡椒	Allspice		•	•	•	•		•	
马告 **樟树科**	Makauy		•		•	•		•	
荜澄茄 **樟树科**	Cubeb		•		•	•			
荜澄茄	Tailed Pepper		•		•	•		•	

1-2 茴香家族

香料名称		酸味	苦味	甘味	涩味	辛味	咸味	凉味	麻味
大茴香 **西式大茴香**	Anise			•	•			•	
小茴香 **中式小茴香**	Fennel			•		•		•	
孜然 **西式小茴香**	Cumin			•		•		•	
葛缕子	Caraway Seed		•		•	•		•	
莳萝	Dill		•			•		•	
黑孜然	Black Cumin			•		•		•	
藏茴香	Ajwain					•		•	•
八角茴香 **中式大茴香**	Star Anise		•	•		•			

1-3 花椒家族

香料名称		酸味	苦味	甘味	涩味	辛味	咸味	凉味	麻味
红花椒	Red Zanthoxylum		•		•				•
青花椒	Green Zanthoxylum		•		•		•		•
保鲜青花椒	Green Zanthoxylum		•		•		•		•
藤椒	Mastic-leaf Prickly Ash		•		•		•		•
早期南路椒	Green Zanthoxylum		•		•		•		•

1-4 豆蔻家族

香料名称		酸味	苦味	甘味	涩味	辛味	咸味	凉味	麻味
白豆蔻	Cardamom					•		•	
草豆蔻	Katsumade Galangal Seed		•		•				
红豆蔻	Fructus Galangae				•	•		•	
黑豆蔻	Black Cardamom		•		•			•	
绿豆蔻	True Cardamom		•		•			•	
肉豆蔻	Nutmeg		•		•			•	
香果	Seed of Nutmeg		•		•			•	

1-5 肉桂家族

香料名称		酸味	苦味	甘味	涩味	辛味	咸味	凉味	麻味
肉桂	Cassia			•		•			
桂枝	Guizhi			•		•			
桂智	Gui Zhi			•		•			
桂子	Fruit of Cassia		•	•	•	•			
桂根	Root of Cassia			•		•			
肉桂叶	Cinnamon leaves			•		•			

plus 香叶家族

香料名称		酸味	苦味	甘味	涩味	辛味	咸味	凉味	麻味
香叶	Bay Leaf		•		•			•	
阴香叶	Indonesian Cinnamon		•		•	•		•	

1-6 姜科植物果实家族（除豆蔻类外）

香料名称		酸味	苦味	甘味	涩味	辛味	咸味	凉味	麻味
草果	Tsaoko					•		•	
益智仁	Sharpleaf Galangal			•		•		•	
砂仁	Fructus Amomi	•	•	•	•			•	
香砂仁	Fragrant Amomum							•	

1-7 姜科植物地下茎家族

香料名称		酸味	苦味	甘味	涩味	辛味	咸味	凉味	麻味
高良姜	Lesser Galangal				•	•			
山柰	Sand Ginger				•	•			
干姜	Dried Ginger					•			
姜黄	Turmeric		•		•				

1-8 参类家族

香料名称		酸味	苦味	甘味	涩味	辛味	咸味	凉味	麻味
人参	Ginseng		•	•					
东洋参	Japanese Ginseng		•	•					
西洋参	American Ginseng		•	•					
党参	Tangshen	•		•					

1-9 伞形花科家族

香料名称		酸味	苦味	甘味	涩味	辛味	咸味	凉味	麻味
当归	Angelica		•	•		•			•
川芎	Chuanxiong		•		•	•			•
白芷	Dahurian Angelica				•	•		•	
芫荽子	Coriander seeds				•				

1-10 芸香科家族

香料名称		酸味	苦味	甘味	涩味	辛味	咸味	凉味	麻味
陈皮	Tangerine Peel		•	•		•			
枳壳	Submature Bitter Orange	•	•		•				
青皮	Immature Tangerine Fruit	•	•		•	•			

索引　中式香料性味表

香料性味

2-1　染色作用

香料名称		酸味	苦味	甘味	涩味	辛味	咸味	凉味	麻味
黄栀	Cape Jasmine	●	●						
熟地黄	Dihuang	●		●					
杜仲	Eucommia		●		●				
番红花	Saffron		●	●		●			
紫草	Gromwell Root		●		●				
姜黄	Turmeric		●		●				

2-2　异香作用

香料名称		酸味	苦味	甘味	涩味	辛味	咸味	凉味	麻味
阿魏	Asafoetida		●		●				
甘松香	Nardostachys		●	●	●				

2-3　苦涩抑腥增香

香料名称		酸味	苦味	甘味	涩味	辛味	咸味	凉味	麻味
木香	Aucklandia Root		●		●				
一口钟	Fruit of Eucalyptus Robusta		●		●				
五加皮	Wujiapi		●		●				
白果	Ginkgo		●	●	●				
枳壳	Submature Bitter Orange	●	●		●				
青皮	Immature Tangerine Fruit	●	●		●	●			

2-4 调性味作用

香料名称		酸味	苦味	甘味	涩味	辛味	咸味	凉味	麻味
金银花	Honeysuckle				•			•	
槟榔子	Betel Nut		•		•				
薄荷	Mint							•	
菊花	Chrysanthemum		•		•				
罗汉果	Monk Fruit			•					
甘草	Licorice			•					

2-5 甜味作用

香料名称		酸味	苦味	甘味	涩味	辛味	咸味	凉味	麻味
枸杞	Chinese Wolfberry	•		•					
红枣	Jujube	•		•					
罗汉果	Monk Fruit			•					
甘草	Licorice			•					
黄芪	Astragalus			•					

2-6 滋润作用

香料名称		酸味	苦味	甘味	涩味	辛味	咸味	凉味	麻味
火麻仁	Fructus Cannabis			•					
芝麻	Sesame			•					
玉竹	Yuzhu			•					
葫芦巴	Fenugreek	•	•	•	•				
桃胶	Peach Gum								

2-7 其他作用

香料名称		酸味	苦味	甘味	涩味	辛味	咸味	凉味	麻味
排草	Anisochilus		•		•				
灵香草	Lysimachia foenum-graecum		•		•				
何首乌	Tuber fleeceflower root		•		•				
紫苏	Perilla				•				
檀香	Sandalwood		•		•				
藿香	Korean Mint		•		•			•	
山楂	Hawthorn	•	•		•				
公丁香	Clove	•			•	•			
香茅	Lemongrass		•		•	•			•
莲子	Lotus Seed			•					
芡实	Qianshi								
山药	Common Yam								
茯苓	China Root		•		•